国家职业技能鉴定考试指导
国家职业资格培训教程配套辅导练习

中式烹调师

（初级）

第 2 版

编审委员会

主　任　丁应林

副主任　赵　廉

委　员　周晓燕　陈　玉　侯　兵　孟祥忍
　　　　侯玉瑞　邓伯庚　于梁洪　王美萍

本书编写人员

主　编　周晓燕

参　编　侯玉瑞　邓伯庚　于梁洪

中国劳动社会保障出版社

图书在版编目(CIP)数据

中式烹调师：初级/人力资源和社会保障部教材办公室组织编写．—2版．—北京：中国劳动社会保障出版社，2011
国家职业资格培训教程配套辅导练习
ISBN 978-7-5045-8882-1

Ⅰ.①中… Ⅱ.①人… Ⅲ.①烹饪-方法-中国-技术培训-习题 Ⅳ.①TS972.117-44

中国版本图书馆CIP数据核字(2011)第027035号

中国劳动社会保障出版社出版发行

（北京市惠新东街1号 邮政编码：100029）

出 版 人：张梦欣

*

三河市华骏印务包装有限公司印刷装订 新华书店经销
787毫米×1092毫米 16开本 10.5印张 201千字
2011年3月第2版 2022年12月第20次印刷

定价：18.00元

营销中心电话：400－606－6496
出版社网址：http://www.class.com.cn

版权专有 侵权必究

如有印装差错，请与本社联系调换：(010) 81211666
我社将与版权执法机关配合，大力打击盗印、销售和使用盗版图书活动，敬请广大读者协助举报，经查实将给予举报者奖励。
举报电话：(010) 64954652

编 写 说 明

《国家职业资格培训教程辅导练习》（以下简称《辅导练习》）是《国家职业资格培训教程》（以下简称《教程》）的配套辅助教材，每本《教程》对应配套编写一册《辅导练习》。《辅导练习》共包括三部分：

第一部分：理论知识鉴定指导。此部分内容按照《教程》章的顺序，对照《教程》各章理论知识内容编写。每章包括四项内容：考核要点、重点复习提示、辅导练习题、辅导练习题参考答案及说明。

——理论知识考核要点是依据国家职业标准、结合《教程》内容归纳出的该职业从基础知识到《教程》各章内容的考核要点，以表格形式叙述。表格由理论知识考核范围、考核要点及重要程度三部分组成。

——理论知识重点复习提示为《教程》各章内容的重点提炼，使读者在全面了解《教程》知识内容基础上重点掌握核心内容，达到更好地把握考核要点的目的。

——理论知识辅导练习题题型采用两种客观性命题方式，即单选题和判断题，试题内容、试题数量严格依据理论知识考核要点，并结合《教程》内容设置。

——理论知识辅导练习题参考答案中，除答案外对试题还配有简要说明，重点解读出题思路、答题要点等易出错的地方，目的是完成解题的同时使读者能够对学过的内容重新进行梳理。

第二部分：操作技能鉴定指导。此部分内容包括四项内容：考核要点、重点复习提示、辅导练习题、参考答案及说明。

——操作技能考核要点是依据国家职业标准、结合《教程》内容归纳出的该职业在该级别总体操作技能考核要点，以表格形式叙述。表格由操作技能考核范围、操作技能考核要点及重要程度三部分组成。

——操作技能重点复习提示根据职业实际情况编写，对于操作技能考试以笔试为主的职业，通过案例分析强化操作技能重点复习内容；对于操作技能考试以实际操作考核形式为主的职业，则通过实操内容进行重点分析与实战演练。

——操作技能辅导练习题题型按职业实际情况安排了实际操作题、模拟操作题、案例选择题、案例分析题、情景题、写作题等，部分职业还依据职业特点及实际考核情况采用了其他题型。操作技能试题针对不同题型均给出了答案。

第三部分：模拟试卷。包括该级别理论知识考核模拟试卷、操作技能考核模拟试卷若干套，并附有参考答案。理论知识模拟试卷体现了本职业该级别大部分理论知识考核要点的内容，操作技能考核模拟试卷完全涵盖了操作技能考核范围，体现了操作技能考核要点的内容。

本职业《辅导练习》共包括 5 本，即基础知识、初级、中级、高级、技师和高级技师。《国家职业资格培训教程配套辅导练习——中式烹调师（初级）》是中式烹调师国家职业资格培训教程配套辅导练习中的一本，适用于对初级中式烹调师的职业技能培训和鉴定考核。

编写《辅导练习》有相当的难度，是一项探索性工作。由于时间仓促，缺乏经验，不足之处在所难免，恳切欢迎各使用单位和个人提出宝贵意见和建议。

目 录

第一部分 初级理论知识鉴定指导

第一章 原料初加工 ……………………………………………………（1）
　　考核要点 ……………………………………………………………（1）
　　重点复习提示 ………………………………………………………（2）
　　辅导练习题 …………………………………………………………（8）
　　参考答案及说明 ……………………………………………………（20）

第二章 原料的分档与切割 ……………………………………………（28）
　　考核要点 ……………………………………………………………（28）
　　重点复习提示 ………………………………………………………（28）
　　辅导练习题 …………………………………………………………（31）
　　参考答案及说明 ……………………………………………………（40）

第三章 原料调配与预制加工 …………………………………………（45）
　　考核要点 ……………………………………………………………（45）
　　重点复习提示 ………………………………………………………（46）
　　辅导练习题 …………………………………………………………（52）
　　参考答案及说明 ……………………………………………………（74）

第四章 菜肴制作 ………………………………………………………（84）
　　考核要点 ……………………………………………………………（84）
　　重点复习提示 ………………………………………………………（84）
　　辅导练习题 …………………………………………………………（90）
　　参考答案及说明 ……………………………………………………（105）

第二部分　初级操作技能鉴定指导

考核要点 ·· (112)
重点复习提示 ·· (112)
辅导练习题 ··· (113)
　一、笔试题 ··· (113)
　二、实际操作题 ··· (113)
　（一）基本料形加工 ··· (113)
　　【试题1】土豆丝加工 ··· (114)
　　【试题2】生姜丝加工 ··· (114)
　　【试题3】莴苣丝加工 ··· (115)
　　【试题4】百叶丝加工 ··· (115)
　　【试题5】夹刀片加工 ··· (115)
　　【试题6】榨菜丝加工 ··· (115)
　（二）一般冷菜拼摆 ··· (115)
　　【试题1】馒头形冷菜的装盘 ·· (116)
　　【试题2】桥形冷菜的装盘 ··· (117)
　　【试题3】扇形冷菜的装盘 ··· (117)
　　【试题4】对拼冷菜的装盘 ··· (117)
　　【试题5】三色排拼的制作 ··· (117)
　　【试题6】四色排拼的制作 ··· (117)
　（三）油导热法热菜制作 ··· (118)
　　【试题1】滑炒里脊 ·· (119)
　　【试题2】芫爆肉片 ·· (120)
　　【试题3】鱼香肉丝 ·· (120)
　　【试题4】京酱肉丝 ·· (121)
　　【试题5】滑炒鱼丁 ·· (121)
　　【试题6】咕噜肉 ··· (122)
　（四）水导热法热菜制作 ··· (122)
　　【试题1】榨菜肉丝汤 ··· (123)
　　【试题2】红烧鲫鱼 ·· (123)

【试题3】麻婆豆腐 ……………………………………………………………… (124)
【试题4】汤爆篮花肫 ……………………………………………………………… (124)
【试题5】氽鸡片 …………………………………………………………………… (125)
（五）冷菜制作 …………………………………………………………………… (125)
【试题1】凉拌大白菜丝 …………………………………………………………… (126)
【试题2】温拌鱼片 ………………………………………………………………… (126)
【试题3】凉拌萝卜丝 ……………………………………………………………… (127)
参考答案及说明 ……………………………………………………………………… (128)
　一、笔试题 ……………………………………………………………………… (128)
　二、实际操作题 ………………………………………………………………… (130)
　　（一）基本料形加工 …………………………………………………………… (130)
　　（二）一般冷菜拼摆 …………………………………………………………… (130)
　　（三）油导热法热菜制作 ……………………………………………………… (130)
　　（四）水导热法热菜制作 ……………………………………………………… (133)
　　（五）冷菜制作 ………………………………………………………………… (135)

第三部分　模 拟 试 卷

初级中式烹调师理论知识考核模拟试卷 ……………………………………………… (137)
初级中式烹调师理论知识考核模拟试卷参考答案及说明 …………………………… (147)
初级中式烹调师操作技能考核模拟试卷 ……………………………………………… (152)

第一部分　初级理论知识鉴定指导

第一章　原料初加工

考 核 要 点

理论知识考核范围	考核要点	重要程度
鲜活原料初加工	1. 蔬菜原料的加工要求	掌握
	2. 家禽原料的加工要求	熟悉
	3. 有鳞鱼的加工要求	掌握
	4. 根菜类蔬菜的初加工	熟悉
	5. 茎菜类蔬菜的初加工	掌握
	6. 叶菜类蔬菜的初加工	掌握
	7. 蔬菜的洗涤方法	了解
	8. 凉拌蔬菜的洗涤方法	了解
	9. 茄果类蔬菜的初加工	了解
	10. 菌类原料的初加工	熟悉
	11. 藻类原料的初加工	熟悉
	12. 鸡的宰杀、清洗	掌握
	13. 鸭的宰杀、清洗	熟悉
	14. 鹅的宰杀、清洗	熟悉
	15. 鸽子的宰杀加工	熟悉
	16. 禽类原料的开膛及整理方法	熟悉
	17. 鱼的去鳞、宰杀、去腮加工	熟悉
	18. 鱼的去内脏加工	掌握
	19. 鲜活原料加工注意事项	掌握
加工性原料初加工	1. 火腿的初加工	掌握
	2. 咸肉的初加工	了解
	3. 冷水发的操作方法	了解

续表

理论知识考核范围	考核要点	重要程度
加工性原料初加工	4. 冷水涨发加工的渗透作用	掌握
	5. 冷水涨发的毛细现象	掌握
	6. 干货原料涨发的目的	掌握
	7. 热水涨发的加工方法	熟悉
	8. 泡发、煮发的加工方法	掌握
	9. 焖发、蒸发的加工方法	熟悉
	10. 海蜇的涨发加工	了解
	11. 香菇的涨发加工	了解
	12. 鹿茸的涨发加工	熟悉
	13. 原料的冻结加工	掌握
	14. 鱼类原料冷冻技法	了解
	15. 禽类原料冷冻技法	了解
	16. 畜类原料冷冻技法	了解
	17. 原料的解冻加工	掌握
	18. 原料的解冻状态	掌握
	19. 自然缓慢解冻法和流水解冻法	掌握
	20. 加温解冻法和微波解冻法	掌握

重点复习提示

一、鲜活原料初加工

1. 蔬菜原料的加工要求

（1）蔬菜的种类不同，其食用部位也不同，因此应采用不同的加工整理方法，去除不能食用部分。

（2）对于不同种类的蔬菜要有针对性地采用不同的洗涤方法，如对带有虫卵的蔬菜应用盐水洗涤的方法。

（3）有条件的还可将洗涤后的蔬菜放在用臭氧发生装置制作的水中浸泡，可使蔬菜达到延长保鲜时间的效果。

（4）蔬菜洗涤干净后，应盛放在清洁的器皿中，防止二次污染。

（5）在蔬菜原料的初加工过程中要注意减少蔬菜营养素的流失，主要做法有：

1）科学加工，如先洗后切。

2) 蔬菜加工过程中要充分利用可食用部分，例如：芹菜叶部的维生素C含量比茎的含量要高，芹菜叶可以洗涤干净后制作多种菜肴；莴笋叶的营养价值远高于茎，可用于炒、烩、凉拌和制成汤菜；菠菜的根部营养丰富，富含维生素、纤维素等，加工时应保留其较大根部供食用。

2. 家禽原料的加工要求

（1）家禽宰杀要割断气管，其目的是让家禽很快死亡。

（2）家禽宰杀时要割断血管，其目的是使家禽的血液迅速放净；放净血的目的是为了获得质量好的禽肉，若血放不净，会使家禽肌肉淤血、肉质发红，影响质量。

（3）家禽烫毛时要根据家禽的品种、老嫩以及季节掌握好水温和时间，如鹅质地较老，烫毛的水温应高些，时间可长些。

（4）家禽初加工过程中应做到物尽其用，除胆、嗉囊、气管、淋巴必须丢弃外，其他部分均可利用。

3. 有鳞鱼的加工要求

（1）有鳞鱼的初加工应根据鱼品种的不同而采用不同的加工方法。

（2）有鳞鱼的初加工应符合卫生要求，除去不宜食用的部分，如鱼鳃、鱼鳞等。

（3）有鳞鱼的剖腹去内脏方法应根据鱼的用途来确定，并且要注意部位和深度，防止胆汁破损。

4. 根菜类蔬菜的初加工

根菜类原料是指以植物的根部为食用部位的蔬菜。

（1）根菜类原料大多含有一定量的鞣酸（单宁酸），去皮后容易氧化变色。因此，这类原料去皮后应立即浸入清水中，以防变色。

（2）质地较嫩的根菜原料加工时可以不去皮，如嫩藕等。

5. 茎菜类蔬菜的初加工

茎菜类原料是以植物的茎部作为食用部位的蔬菜原料。

（1）笋、茭白、莴苣初加工时需要去除老根。

（2）土豆初加工时不需要除去老根，只需先洗净表面泥沙，削去外皮，剜去坑洼处的泥沙、幼芽、黑斑和腐烂部分，再用清水洗净，并浸泡于水中，防止变色。

（3）茎菜类原料的焯水加工一般采用凉水入锅方法进行。

6. 叶菜类蔬菜的初加工

叶菜类是指以鲜嫩的茎叶作为食用部位的蔬菜。

常见的叶菜有大白菜、小白菜、青菜、菠菜、卷心菜、油菜、韭菜、生菜等。

此类原料初加工时常用的方法有摘剔，主要是摘去老根、黄叶、枯叶，剔去泥土和杂质等不能食用的部位。

叶菜类原料如果需要盐水洗涤，一定要控制盐水的浓度和浸泡时间。

7. 蔬菜的洗涤方法

蔬菜的洗涤应根据季节、蔬菜品种的不同和用途，分别采用不同的洗涤方法。一般有冷水洗涤、盐水洗涤、高锰酸钾溶液洗涤 3 种方法。

整理后的蔬菜先放入浓度为 2% 的食盐溶液中浸泡约 5 min，可使虫卵和腻虫在盐水的作用下脱落，然后用清水冲洗净虫卵。

用高锰酸钾溶液洗涤蔬菜主要是将叶片上的细菌杀死，有效防止传染性疾病，以确保食用者的健康。

8. 凉拌蔬菜的洗涤方法

凉拌蔬菜原料应放入浓度为 0.3% 的高锰酸钾溶液中浸泡 5 min，然后用清水洗涤干净。

9. 茄果类蔬菜的初加工

茄果类原料是指以植物果实作为食用部位的蔬菜原料，如西红柿、茄子、辣椒等。

根据原料种类的不同，加工方法也有所不同，有的去皮、去蒂，有的只去蒂不去皮，有的还要去掉子瓤。

西红柿采用沸水略烫后入凉水浸泡的方法去皮。

10. 菌类原料的初加工

菌类蔬菜是指以菌类的伞冠部、子柱部为食用部分的蔬菜。菌类原料的初加工主要是去除杂质和子柱下部的老根。此外，在洗涤菌类原料时要注意保持原料的完整性。

11. 藻类原料的初加工

藻类蔬菜是指以藻类植物的叶为食用部分的蔬菜。洗涤藻类蔬菜时应保持原料的完整。此外，在洗涤海带时可先用热水浸泡 2~3 小时后再洗净泥沙。

12. 鸡的宰杀、清洗

宰杀鸡时割断血管和气管后，右手捏住鸡头并使其下垂，左手抬起鸡身，使鸡成倒立状，让鸡血流入盛器内，放净鸡血。

在给鸡进行烫泡煺毛时，冬天水温以 75~80℃ 为宜，春秋季水温以 70~75℃ 为宜。煺毛的手法采用顺拔和倒推。

13. 鸭的宰杀、清洗

宰杀鸭子前需准备一个盛器，放入适量的清水和少许食盐。宰杀后待鸭双脚不动时，即可进行烫泡煺毛。冬天水温为 80~85℃，春秋季水温为 75~80℃。

14. 鹅的宰杀、清洗

因鹅体大、力大，宰杀时一定要抓紧，防止其挣扎。鹅煺毛的次序是：先煺尾部和翅膀的粗毛,再煺胸部、背部和腿部的厚毛,最后煺细毛。

15. 鸽子的宰杀加工

鸽子的宰杀有两种方法:一种是用左手捏住鸽子的翅膀,右手抓住鸽子的头,往水盆里按,直到鸽子窒息死亡;另一种是用酒将鸽子灌醉后再煺毛加工。

16. 禽类原料的开膛及整理方法

常用的禽类原料开膛方法有腹开、肋开和背开三种。腹开方法用途广泛,较为常用。肋开方法主要用于整只烤制家禽的开膛方法,使其在烤制时不漏油水,腹背不收缩变形,形态完整。背开一般适用于整只制作菜品家禽的开膛方法,如清炖鸡、花椒鸭等。

禽类原料血的加工方法是:将已凝结的血块放入冷水锅中,小火加热,并保持水温约90℃,使其慢慢养熟,或用小火蒸熟。加热时间不宜过长,火不能太旺,否则血块起孔,食之如棉絮,口感较差。

17. 鱼的去鳞、宰杀、去鳃加工

由于鱼类品种很多,形状、性质各异,所以加工方法也不相同,主要有刮鳞、去鳃、去内脏、剥皮、宰杀、择洗等。多数鱼鳃不能食用,应除去。淡水鱼中鲤鱼、草鱼腮下有鱼牙,在去鳃时应同时除去。

18. 鱼的去内脏加工

取鱼的内脏一般情况有两种方法:一种是将鱼的腹部剖开,取出内脏,再洗净血污和黑衣;另一种是从鱼的口腔中将内脏取出,其方法是先在鱼的脐部割一刀,将内脏割断,然后用手或两根筷子由口腔插入,夹住内脏用力向一个方向绞卷后拉出,再用清水冲净。

19. 鲜活原料加工注意事项

(1) 鲜活原料的开膛方法一定要符合菜品的具体要求。

(2) 鲜活原料加工后应合理保存,避免降低肉质或变质,影响口味或食用。通常情况下,0~6℃环境下可保存48小时,-10~-5℃环境下可保存30天,-180~-15℃环境下可保存180天。

二、加工性原料初加工

1. 火腿的初加工

将整只火腿放在清水中浸泡6小时,取出用热的食用碱水溶液将火腿外表刷洗干净,皮朝下肉朝上放在容器中,加入料酒、葱、姜蒸制约3小时,取出待初步冷却后,剔掉硬皮、骨骼、油脂,斩掉猪爪,片去腐肉黄脂,分割成块即可。

2. 咸肉的初加工

将咸肉放在清水中刷洗干净,取出用热食用碱水溶液将咸肉外表洗干净,用清水冲净。

若肉含盐量高，则要用清水泡一段时间，以减少肉的盐分。上笼蒸制约2小时，取出待冷却后，剔掉硬皮片即可。

3. 冷水发的操作方法

冷水发料的操作方法一般有浸发和漂发两种。

浸发是把干料用冷水浸泡，使其慢慢涨发。浸发的时间要根据原料大小、老嫩和松软、坚硬的程度而定。

漂发是把干料放入冷水中，一般要用工具或手不断挤捏或使其漂动，以将原料的异味和泥沙等杂质漂洗干净。漂发需多次换水。

4. 冷水涨发加工的渗透作用

渗透作用就是溶液与纯溶剂在相同的外压下由半透膜隔开时，纯溶剂能透过半透膜使溶液变淡的现象。

5. 冷水涨发的毛细现象

毛细现象是含有细微缝隙的物质与液体接触，在浸润情况下，液体沿缝隙上升或渗入；在不浸润情况下，液体沿缝隙下降的现象。原料经脱水干制后，其内部含有许多毛细管，当与水接触时，由于浸润作用使水分渗入原料内部，原料因吸水而膨胀。

6. 干货原料涨发的目的

干货原料涨发的目的就是使干货原料最大限度地吸水膨润。所有的涨发方法，例如油发、火发、盐发、碱发、微波发，最后完成涨发的终结过程都要在水发这一环节完成，因此，没有水发这一环节，涨发的工作就没有完成。

7. 热水涨发的加工方法

热水涨发具体的操作方法有泡发、煮发、焖发和蒸发四种。

8. 泡发、煮发的加工方法

泡发是指将干料放入热水中浸泡而不再继续加热，使其慢慢泡发涨大。

煮发是指把干料放入水中，加热煮沸，使之涨发。此法多用于体质坚硬、厚大而带有较重腥臊气味的干料，如鱼翅、海参等。用煮发的方法发料，加热必须适度、适时，既不能用急火，也不能长时间加热，以防原料外层皮开肉烂，而内部却仍未发透。

9. 焖发、蒸发的加工方法

焖发加工时，焖的时间长短也要视原料的多方面情况而定，焖发到一定程度时需改用小火、微火或将锅端离火源，盖紧盖子使温度逐渐下降，让原料从外到里全部涨发透。

凡不适用煮发、焖发的干料，或者煮焖后仍不能发透而再继续煮焖又无法保持特定形态的原料，均可采用蒸发。

10. 海蜇的涨发加工

将海蜇用沸水浸烫至收缩时取出洗净，批成薄片，浸于凉清水中 8～10 小时，至松酥涨大。这种海蜇称为"酥蜇"，常用于拌食。

11. 香菇的涨发加工

香菇先用温水浸泡，待回软后剪去菇柄，用清水洗净，并浸泡在清水中备用。浸泡香菇的水不必倒掉，它有很浓的香味，经沉淀或过滤后可用于菜肴的调味。

12. 鹿茸的涨发加工

鹿茸涨发时不宜在火上加热，这样会使鹿茸养分过多流失，另外在蒸制过程中不宜加盐，如果放盐会使鹿茸不宜发透。

13. 原料的冻结加工

随着食品加工业的发展，经过分割、洗涤的冷冻原料在烹饪中被广泛选用，这给烹饪带来了许多方便，既加快了烹饪速度，也保证了厨房的卫生。

14. 鱼类原料冷冻技法

鱼类原料冷冻的技术方法要根据鱼体的大小而定，体大的可以单独冷冻，体小的可以装盘加水成盘冷冻。

15. 禽类原料冷冻技法

禽类原料在冻制时一般是将原料放入 －32℃的冰库中速冻，10 小时后放入 －18℃的冰箱中保存。

16. 畜类原料冷冻技法

畜类原料因为体积较大，在冷冻前必须使原料通体降温。肉馅不可整盆冷藏，要在盆中留出一个空洞，防止肉馅从中间发生变质。

17. 原料的解冻加工

原料解冻的目的是使原料温度回升到必要的范围，并保证最完善地恢复其原有性质。冻结的原料必须经解冻加工后才能进行烹饪加工，如何选择科学合理的解冻方法也是非常重要的环节，解冻不当不仅会使营养和风味物质流失，还能使冻结原料重新污染。

18. 原料的解冻状态

所谓半解冻状态就是指将冻肉温度提高到冰结晶最大生成带的温度范围即中止解冻，此后在加工过程中再使肉达到完全解冻。处于这种半解冻状态的肉食品，由于结冰率小，肉食品的硬度恰好便于加工和切配，而且流汁较少，加工切配以后仍在继续解冻，是烹饪加工中最佳的解冻状态。

完全解冻状态下的原料极易受温度影响而使肉质恶化。

19. 自然缓慢解冻法和流水解冻法

自然缓慢解冻法将冻结原料放在 0～3℃的条件下缓慢解冻，这种解冻方法的优点是肉汁流失最少，风味保持最佳；缺点是解冻时间较长。

流水解冻后的原料营养素流失量较大。流水解冻后的肉质吸水后使重量增加 2%～3%，用这种肉上浆或制馅时要考虑到水分增加因素。

20. 加温解冻法和微波解冻法

为了加速解冻过程，将原料放在 20～25℃的室内或放入温水中解冻，此解冻法肉的颜色变淡，风味减弱。

微波解冻能迅速通过最大冰晶生成带，并较好地保存了原料的营养和风味。一般 1 kg 原料只需 3 min 左右便可完全解冻。微波是一种高频率的电磁波，其本身并不产生热量。

辅导练习题

一、判断题（下列判断正确的请在括号内打"√"，错误的请在括号内打"×"）

1. 芹菜叶部的维生素 C 含量比茎的含量要高。　　　　　　　　　　　　（　　）
2. 菠菜的根部有较多的须和泥沙，加工时应当去除。　　　　　　　　　（　　）
3. 对带有虫卵较多不易择除的蔬菜，可用弱碱水浸泡去除。　　　　　　（　　）
4. 蔬菜洗涤干净后，应盛放在清洁的器皿中，防止二次污染。　　　　　（　　）
5. 为了减少蔬菜初加工时营养的流失，应先洗后切，切后稍后烹。　　　（　　）
6. 宰杀家禽时割断气管的目的是使家禽快速死亡。　　　　　　　　　　（　　）
7. 宰杀家禽时割断血管的目的是使家禽血液放尽，以获得较好的肉质。　（　　）
8. 家禽烫毛温度应依家禽的品种、老嫩及季节等有关因素适当调节。　　（　　）
9. 正值换毛时期的家禽烫制煺毛较容易。　　　　　　　　　　　　　　（　　）
10. 为了合理使用原料，家禽的内脏都可以保留食用。　　　　　　　　　（　　）
11. 制作八宝鳜鱼时，应该从口腔中去除内脏，不能剖腹去除内脏。　　　（　　）
12. 鱼在加工时如果胆囊破裂，应将鱼丢弃，不能食用。　　　　　　　　（　　）
13. 根茎类蔬菜原料大多含有一定量的鞣酸（单宁酸），去皮后容易氧化变色。因此，这类原料去皮后应立即浸入清水中，以防变色。　　　　　　　　　　　　　（　　）
14. 根茎类蔬菜原料大多含有一定量的鞣酸（单宁酸），去皮后容易氧化变色。因此，这类原料去皮后应立即浸入沸水中，以防变色。　　　　　　　　　　　　　（　　）
15. 对春笋进行粗加工时，应先削掉根，去掉表皮和筋，然后用清水洗净。（　　）
16. 对土豆进行粗加工时，要先削去外皮，剜去坑洼处的泥沙、幼芽、黑斑和腐烂部

分，再洗去表面泥沙，并用清水冲洗干净。( )

17. 常见的叶菜有大白菜、小白菜、青菜、菠菜、卷心菜、油菜、韭菜、生菜等。
( )

18. 菠菜、白菜、韭菜、油菜、苋菜、青菜等叶菜类的粗加工，就是择去老根、黄叶、枯叶。( )

19. 用盐水洗涤蔬菜可使蔬菜中的虫卵和腻虫在盐水的作用下脱落，从而洗掉虫卵和腻虫。( )

20. 高锰酸钾溶液洗涤方法主要适用于清洗蔬菜。( )

21. 生食凉拌的蔬菜原料放入浓度为3%的高锰酸钾溶液中浸泡5 min，然后用清水洗涤干净后再食用。( )

22. 生食凉拌的蔬菜原料放入浓度为0.3%的高锰酸钾溶液中浸泡30 min，然后用清水洗涤干净后再食用。( )

23. 蔬菜清洗时应根据季节、蔬菜品种和用途的不同，分别采用不同的洗涤方法。
( )

24. 花菜类原料是以植物的花部器官为食用部分的蔬菜，如黄花菜、花椰菜、白菊菜、韭菜花等。( )

25. 花菜类原料洗涤时要保持原料的完整。( )

26. 茄果类原料是以植物果实作为食用部位的蔬菜原料，如西红柿、茄子、辣椒等。
( )

27. 西红柿去皮一般采用碱水浸泡去皮法。( )

28. 所有茄果类原料的初加工均包括去皮、去花蒂加工程序。( )

29. 所有菌类的伞冠部、子柱部都是蔬菜。( )

30. 菌类蔬菜是以菌类的伞冠部为食用部分的蔬菜。( )

31. 所有藻类蔬菜是以藻类植物的叶为食用部分的蔬菜。( )

32. 藻类蔬菜是以海产的藻类植物的叶为食用部分的蔬菜。( )

33. 宰杀鸡时割断血管和气管后，右手捏住鸡头并使其下垂，左手抬起鸡身，使鸡成倒立状，让鸡血流入盛器内，放尽鸡血。( )

34. 鸡的煺毛手法只有采用顺着毛的方向顺拔。( )

35. 对鸭进行烫泡煺毛时，冬天水温为85～95℃，春秋季为80～85℃。( )

36. "背开"一般适用于整只制作菜品家禽的开膛方法，如烤鸭、宫保鸡丁等。( )

37. "肋开"主要用于整只烤制家禽的开膛方法，使其在烤制时漏油水，腹背不收缩变形，形态完整。( )

38. 鸽子一般采用割断气管的宰杀方式。（   ）

39. 背开一般适用于整只制作菜品家禽的开膛方法，如八宝葫芦鸡、花椒鸭等。（   ）

40. 鸡血宜旺火加工，保持其嫩度。（   ）

41. 家禽油脂的加工方法有煎熬和蒸制两种方法。（   ）

42. 多数鱼鳃能食用，不应除去。（   ）

43. 淡水鱼中鲤鱼、草鱼腮下的鱼牙在去鳃时可不除去。（   ）

44. 对有些鱼类，如黑鱼、鳜鱼等，因鱼鳃较软，可用手挖除去。（   ）

45. 从鱼的口腔中将内脏取出，是用手或两根筷子由口腔插入，夹住内脏用力向一个方向绞卷后拉出，再用清水冲净。（   ）

46. 鲜活原料加工后如果保存不当会影响肉质，严重的会影响食用。（   ）

47. 加工后的鲜活原料在零度环境中可以保存 10 天。（   ）

48. 火腿初加工的方法是将整只火腿放在清水中浸泡 6 小时，取出用食用碱水溶液将火腿外表刷洗干净。（   ）

49. 火腿初加工过程中在蒸时，皮朝下肉朝上放在容器中，加入料酒、葱、姜蒸制约 3 小时，取出待初步冷却后，剔掉硬皮、骨骼、油脂，斩掉猪爪，片去腐肉黄脂，分割成块即可。（   ）

50. 渗透作用就是溶液与纯溶剂在相同的外压下由半透膜隔开时，纯溶剂能透过半透膜使溶液变浓的现象。（   ）

51. 毛细现象就是溶液与纯溶剂在相同的外压下由半透膜隔开时，纯溶剂能透过半透膜使溶液变淡的现象。（   ）

52. 原料经脱水干制后，其内部含有许多毛细管，当与水接触时，由于浸润作用使水分渗入原料内部，原料因吸水而膨胀。（   ）

53. 原料经脱水干制后，其内部含有许多毛细血管，当与水接触时，由于浸润作用使水分渗入原料内部，原料因吸水而膨胀。（   ）

54. 水发加工的一个更重要意义在于：没有水发这一环节，涨发的工作就没有完成。（   ）

55. 冷水发料的操作方法一般有浸发和漂发两种。（   ）

56. 冷水浸发的时间应根据原料的产地、上市季节灵活控制。（   ）

57. 泡发是指将干料放入热水中浸泡而不再继续加热，使其慢慢泡发涨大。（   ）

58. 将干料放入热水中浸泡而不再继续加热，使其慢慢泡发涨大叫温水发。（   ）

59. 煮发多用于体质柔软、厚大而带有较重腥膻气味的干料，如鱼翅、海参等。（   ）

60. 煮发是把净料放入水中，加热煮沸，使之涨发。（   ）

61. 凡不适用煮发、焖发的干料，或者煮焖后仍不能发透而再继续煮焖又无法保持原料特定形态的，均可采用"蒸发"。（   ）

62. 凡不适用煮发、焖发的干料，或者煮焖后仍不能发透而再继续煮焖又无法保持原料特定形态的，均可采用泡发。（   ）

63. 粉丝需要多次反复热水涨发才可以达到发料的要求。（   ）

64. 海参、鱿鱼需要多次反复热水涨发才可以达到发料的要求。（   ）

65. 食品解冻的目的是使食品温度回升到必要的范围，并保证最完善地恢复其原有性质。（   ）

66. 食品解冻的目的是使食品温度回升到必要的范围，但不能恢复其原有性质。（   ）

67. 所有冻结的原料都必须完全解冻后才能进行加工。（   ）

68. 半解冻状态的肉食品流汁少，加工切配后仍处于继续解冻状态。（   ）

69. 完全解冻状态的肉味道比半解冻的好。（   ）

70. 用流水解冻法解冻的肉在上浆或制馅时要减少水量。（   ）

71. 流水解冻后肉的肉质在风味、重量、色泽等方面都明显下降。（   ）

72. 原料在20℃的水中解冻比在25℃的空气中解冻速度快。（   ）

73. 微波解冻是利用电磁波自身产生的热量进行解冻的。（   ）

74. 腊肉初加工是将腊肉放在清水中浸泡片刻后取出，用热食用碱水溶液将腊肉外表刷洗干净，再用清水冲净，将腊肉皮朝下肉朝上放在容器中，加入料酒、葱、姜蒸制约2小时。（   ）

75. 咸肉若含盐量较高，可以蒸制时间较长些，即可减少肉的盐分。（   ）

76. 海蜇初加工是将海蜇用沸水浸烫至收缩，即取出洗净，再用80℃热水泡发4~6小时至松酥涨大，这种海蜇称为"酥蜇"，常用于拌食。（   ）

77. 鹿茸涨发在蒸制过程中一般需加入盐，这样能使鹿茸发透。（   ）

78. 鱼类原料冷冻的技术方法要根据鱼体大小不同采用不同的冷冻方法，体大的可以单独冷冻，体小的可以装盘加水成盘冷冻。（   ）

79. 禽类原料冻制时将原料放入-32℃的冰库中速冻，10小时后放入-18℃的冰箱中保存。（   ）

80. 肉馅为了储存和使用方便一般宜整盆冷藏。（   ）

二、**单项选择题**（下列每题有4个选项，其中只有1个是正确的，请将其代号填写在横线空白处）

1. 蔬菜的种类不同，其食用的_____也不同。

  A. 部位   B. 方法

C. 营养　　　　　　　　　　　D. 口感

2. 对带有虫卵的蔬菜应用_____方法洗涤。
   A. 温水洗涤　　　　　　　　B. 盐水洗涤
   C. 碱水洗涤　　　　　　　　D. 冰水洗涤

3. 对带有虫卵的蔬菜除了用盐水洗涤外，还可以用_____方法去除虫卵。
   A. 温水洗涤　　　　　　　　B. 冰水洗涤
   C. 碱水洗涤　　　　　　　　D. 高锰酸钾溶液洗涤

4. 洗涤后的蔬菜放在用臭氧发生装置制作的水中浸泡，可使蔬菜达到_____的效果。
   A. 延长保鲜时间　　　　　　B. 使颜色更亮
   C. 使口感更脆　　　　　　　D. 便于入味

5. 为了防止蔬菜的营养流失，加工蔬菜时应_____。
   A. 先切后洗　　　　　　　　B. 先烹后切
   C. 先洗后切　　　　　　　　D. 只洗不切

6. 从营养充分利用的角度出发，茎叶都可以食用的蔬菜是_____。
   A. 莴笋　　　　　　　　　　B. 春笋
   C. 土豆　　　　　　　　　　D. 茭白

7. 宰杀家禽时割断血管的目的是_____。
   A. 使其快速死亡　　　　　　B. 放尽血液
   C. 便于煺毛　　　　　　　　D. 便于烹饪

8. 如果宰杀家禽时血液没有放尽，会对肉质产生_____的影响。
   A. 肉色发红　　　　　　　　B. 肉色发黑
   C. 肉质变苦　　　　　　　　D. 肉质更鲜

9. 家禽烫毛的水温和时间与家禽的品种、_____及季节因素有关。
   A. 产地　　　　　　　　　　B. 雌雄
   C. 饲养方式　　　　　　　　D. 老嫩

10. 加工家禽时，_____部位不能食用，应该去除。
    A. 头　　　　　　　　　　　B. 爪子
    C. 胆　　　　　　　　　　　D. 肠子

11. 鹅在烫毛时的水温比鸡烫毛的水温要_____。
    A. 低　　　　　　　　　　　B. 高
    C. 一样　　　　　　　　　　D. 冬天一样

12. 有鳞鱼在加工时因_____不同，加工方法也不相同。

A. 品种 B. 产地
C. 季节 D. 价格

13. 加工有鳞鱼时必须去除的部位是_____。
    A. 鱼眼 B. 鱼皮
    C. 鱼肠 D. 鱼鳃

14. 有鳞鱼的剖腹方法应根据_____来确定。
    A. 鱼的种类 B. 鱼的大小
    C. 鱼的档次 D. 鱼的用途

15. 有鳞鱼剖腹时要注意部位和深度，主要目的是_____。
    A. 保持鱼的形状 B. 防止胆汁破损
    C. 防止鱼肠割断 D. 防止鱼皮开裂

16. 根菜类原料是指以_____为食用部位的蔬菜。
    A. 植物的根部 B. 植物的球形部分
    C. 植物的鳞茎 D. 植物的棍状部分

17. 根菜类原料去皮后放入水中浸泡，目的是_____。
    A. 防止变色 B. 洗净泥污
    C. 去除农药 D. 增加口感

18. 下列原料中去皮后易变色，去皮后需要立即浸入清水中的是_____。
    A. 山药 B. 萝卜
    C. 胡萝卜 D. 大蒜

19. 质地较嫩的根菜原料在加工时可以_____。
    A. 不洗涤 B. 不去皮
    C. 不改刀 D. 不浸泡

20. 根菜类原料中可以不进行去皮加工的原料是_____。
    A. 萝卜 B. 山药
    C. 嫩藕 D. 蒜头

21. 茎菜类原料是以_____作为食用部位的蔬菜原料。
    A. 植物的茎部 B. 植物的鳞茎
    C. 植物的花蕾 D. 植物的根茎

22. 茎菜类原料中不需要去老根的原料是_____。
    A. 笋 B. 土豆
    C. 茭白 D. 莴苣

23. 需要焯水的茎菜类原料一般采用_____方法焯水。
    A. 沸水入锅   B. 温水入锅
    C. 凉水入锅   D. 碱水入锅

24. 茎菜类原料去皮后应该_____，防止变色。
    A. 浸泡在水中   B. 快速焯水
    C. 浸泡在油中   D. 立即烹饪

25. 蔬菜初加工需要冷水下锅焯水的原料是_____。
    A. 青菜   B. 春笋
    C. 菠菜   D. 韭菜

26. 蔬菜初加工需要热水下锅焯水的原料有_____。
    A. 黄花菜   B. 春笋
    C. 冬笋   D. 萝卜

27. 蔬菜经择剔、整理后，一般采用冷水洗涤、盐水洗涤和_____三种方法进行洗涤。
    A. 醋液洗涤   B. 冰水洗涤
    C. 碱水洗涤   D. 高锰酸钾溶液洗涤

28. 叶菜类是指以植物鲜嫩的_____作为食用部位的蔬菜。
    A. 茎叶   B. 嫩茎与菜心
    C. 菜叶与花蕾   D. 菜叶与嫩芽

29. 豆荚类蔬菜是指以_____的豆荚（果）作为食用部位的蔬菜。
    A. 豆科植物   B. 果科植物
    C. 草本植物   D. 木本植物

30. 叶菜类原料加工时常用的方法有择剔，其目的是_____。
    A. 去除泥沙   B. 去除老叶
    C. 去除不能食用的部位   D. 去除杂质

31. 叶菜类原料如果采用盐水洗涤，一定要控制盐的浓度和_____。
    A. 浸泡温度   B. 原料数量
    C. 原料色泽   D. 浸泡时间

32. 整理后的蔬菜先放入浓度为_____的食盐溶液中浸泡约 5 min，然后用清水冲洗净虫卵。
    A. 2%   B. 3%
    C. 4%   D. 5%

33. 凉拌的蔬菜原料应放入浓度为_____的高锰酸钾溶液中浸泡5 min，然后用清水洗涤干净。

    A. 0.2%   B. 0.3%

    C. 0.4%   D. 0.5%

34. 茄果类蔬菜是指以植物_____作为食用部位的蔬菜。

    A. 花蕊   B. 果实

    C. 果壳   D. 种子

35. 菌类蔬菜是指以菌类的_____为食用部分的蔬菜。

    A. 伞冠部、子柱部   B. 子柱根部

    C. 伞冠部、根部   D. 根部、子柱部

36. 菌类蔬菜的初加工包括_____。

    A. 初步整理和切配工序   B. 洗涤和切配工序

    C. 初步整理和洗涤工序   D. 切配工序和预熟处理

37. 菌类原料洗涤时要保持原料的_____。

    A. 干燥度   B. 完整性

    C. 色泽不变   D. 吸水性

38. 菌类原料的加工主要是去除杂质和_____。

    A. 根须   B. 菌冠

    C. 子柱部   D. 子柱下部的老根

39. 藻类蔬菜是指以_____为食用部分的蔬菜。

    A. 藻类植物的茎   B. 藻类植物的叶

    C. 藻类植物的根   D. 藻类植物的根茎

40. 藻类蔬菜洗涤时应保持原料的_____。

    A. 口感   B. 色泽

    C. 口味   D. 完整

41. 洗涤海带时可先用_____浸泡后再洗涤。

    A. 清水   B. 碱水

    C. 热水   D. 冰水

42. 鸡烫泡煺毛，冬天的最佳水温为_____。

    A. 60～80℃   B. 70～80℃

    C. 75～80℃   D. 50～80℃

43. 鸡烫泡煺毛，春天的最佳水温为_____。

A. 70~75℃   B. 70~80℃
C. 75~85℃   D. 75~80℃

44. 宰杀鸭子前需准备一盛器，放入适量的清水和_____。
    A. 少许大盐   B. 少许碘盐
    C. 少许食盐   D. 少许白糖

45. 宰杀后的鸭子应先烫_____部位。
    A. 头部   B. 翅膀
    C. 身体   D. 爪子

46. 在煺鹅毛时应先煺_____。
    A. 尾部   B. 头部
    C. 身体   D. 腹部

47. 鹅因_____，宰杀时一定要抓紧，防止其挣扎。
    A. 脖子长   B. 体大，力大
    C. 嘴大   D. 劲大

48. 宰杀鸽子常用的方式是_____。
    A. 割断气管   B. 摔死
    C. 浸水淹死   D. 割断血管

49. 下列菜肴在制作时禽类原料需要用腹开法去内脏的是_____。
    A. 清炖鸡   B. 花椒鸭
    C. 烤鸭   D. 宫保鸡丁

50. 下列菜肴在制作时禽类原料需要用背开法去内脏的是_____。
    A. 风鸡   B. 花椒鸭
    C. 烤鸭   D. 宫保鸡丁

51. 下列菜肴在制作时禽类原料需要用肋开法去内脏的是_____。
    A. 清炖鸡   B. 花椒鸭
    C. 烤鸭   D. 宫保鸡丁

52. 加工家禽时，必须去除的部位是_____。
    A. 肠   B. 血液
    C. 气管   D. 油脂

53. 禽类原料的开膛方法有：_____、背开、腹开。
    A. 小开   B. 大开
    C. 肋开   D. 肩开

54. 由于鱼类品种很多，形状、性质各异，因此_____也不相同。
    A. 去鳞方法   B. 加工方法
    C. 宰杀方法   D. 烹制方法

55. 鱼类清洗整理加工主要包括刮鳞、去鳃、_____、剥皮、宰杀、择洗等。
    A. 开膛   B. 冲洗
    C. 剞花刀   D. 去内脏

56. 取鱼内脏的一种方法是将鱼的_____剖开或脊部剖口取出内脏，再洗净血污和黑衣。
    A. 腹部   B. 小腹
    C. 背部   D. 尾部

57. 从鱼的口腔中将内脏取出的方法是先在鱼的_____割一刀，将内脏割断。
    A. 胸部   B. 背部
    C. 脐部   D. 小腹

58. 鲜活原料的开膛方法一定要符合_____。
    A. 原料的特点   B. 菜品的要求
    C. 加工的习惯   D. 个人的喜好

59. 加工后的原料在_____环境下可保存48小时。
    A. 5～8℃   B. 0～15℃
    C. 0～6℃   D. 10℃以下

60. 加工后的原料在-10～-5℃的环境下能保存_____天。
    A. 10   B. 50
    C. 20   D. 30

61. 加工后的原料在-18～-15℃的环境下可保存_____天。
    A. 60   B. 180
    C. 200   D. 250

62. 工业化腌制腊肉时，规定亚硝酸盐的用量不能超过_____。
    A. 百分之一   B. 千分之一
    C. 万分之一   D. 千分之五

63. 火腿初加工时，需将整只火腿放在清水中浸泡_____。
    A. 6小时   B. 5小时
    C. 10小时   D. 4小时

64. 火腿初加工时，需要用_____溶液将火腿外表刷洗干净。

A. 开水 B. 酸
C. 热的食用碱水 D. 洗涤灵

65. 火腿初加工时，是将刷洗干净的火腿_____放置在容器中进行蒸制。
A. 皮朝上肉朝下 B. 切成小块后
C. 将皮剥下后 D. 皮朝下肉朝上

66. 最基本、最常用的发料方法是_____。
A. 油发 B. 碱发
C. 热水发 D. 水发

67. _____的基本原理主要是利用渗透作用和毛细现象。
A. 冷水发 B. 温水发
C. 碱水发 D. 热水发

68. _____是含有细微缝隙的物质与液体接触，在浸润的情况下，液体沿缝隙上升或渗入。
A. 毛细现象 B. 渗透现象
C. 浸泡作用 D. 水发作用

69. 干货原料涨发的目的就是使其最大限度地_____。
A. 泡软 B. 吸水
C. 增大 D. 吸水膨润

70. 热水发的具体操作方法有_____、煮发、焖发和蒸发。
A. 水发 B. 泡发
C. 冷水泡 D. 温水泡发

71. 用煮发的方法发料，加热必须适度、适时，既不能用_____，也不能长时间加热，以防原料外层皮开肉烂，而内部却仍未发透。
A. 中火 B. 急火
C. 小火 D. 旺火

72. 焖发煮到一定程度时，需改用_____，或将锅端离火源，盖紧盖子使温度逐渐下降，让原料从外到里全部涨发透。
A. 旺火 B. 中火
C. 小火、微火 D. 电磁炉加热

73. 随着食品加工业的发展，经过分割、洗涤的冷冻原料在烹饪中被广泛选用，它们既加快了_____，也保证了厨房的卫生。
A. 烹饪发展 B. 烹饪速度

C. 品种更新　　　　　　　　D. 消化吸收

74. ＿＿＿＿必须经解冻加工后才能进行烹饪加工。
　　A. 冻结的原料　　　　　　　B. 所有原料
　　C. 冷库原料　　　　　　　　D. 刚刚上冻的原料

75. 冻结的原料解冻不当不仅会使＿＿＿＿流失，还能使冻结原料重新污染。
　　A. 营养素　　　　　　　　　B. 鲜味成分
　　C. 营养和风味物质　　　　　D. 血红蛋白

76. 所谓半解冻状态，就是将原料的温度提高到＿＿＿＿终止解冻。
　　A. 5℃左右　　　　　　　　　B. 2℃左右
　　C. 8℃左右　　　　　　　　　D. 冰结晶最大生成带

77. 烹饪加工中的最佳解冻状态是＿＿＿＿。
　　A. 半解冻状态　　　　　　　B. 完全解冻状态
　　C. 外层解冻、内部冻结状态　D. 内外部完全软化状态

78. 半解冻状态的肉比较有利于＿＿＿＿。
　　A. 原料的成熟　　　　　　　B. 原料的切配
　　C. 原料的成型　　　　　　　D. 原料的入味

79. 完全解冻状态的原料容易受＿＿＿＿影响而使肉质恶化。
　　A. 切配　　　　　　　　　　B. 烹饪
　　C. 加工　　　　　　　　　　D. 温度

80. 自然解冻法就是将原料放在＿＿＿＿条件下缓慢解冻。
　　A. 3～5℃　　　　　　　　　B. 5～10℃
　　C. 0～3℃　　　　　　　　　D. 常温下

81. 自然解冻法的优点是风味保持最佳，缺点是＿＿＿＿。
　　A. 解冻时间长　　　　　　　B. 成本比较高
　　C. 不宜保存　　　　　　　　D. 色泽容易变化

82. 流水解冻法的缺点是＿＿＿＿。
　　A. 时间较长　　　　　　　　B. 营养素损失多
　　C. 水分丢失多　　　　　　　D. 颜色变黑

83. 采用流水解冻法解冻的肉质重量会＿＿＿＿。
　　A. 减少8%～10%　　　　　　B. 增加8%～10%
　　C. 减少2%～3%　　　　　　　D. 增加2%～3%

84. 加温解冻是指在＿＿＿＿的条件下缓慢解冻。

A. 15～20℃　　　　　　　　B. 20～25℃
C. 30～40℃　　　　　　　　D. 25～50℃

85. 用微波法解冻，一般 1 kg 原料需要_____。
A. 5 min　　　　　　　　　B. 10 min
C. 10 s　　　　　　　　　　D. 3 min

86. 加温解冻后的肉质颜色会_____。
A. 变淡　　　　　　　　　　B. 变深
C. 变红　　　　　　　　　　D. 变黑

87. 微波解冻时能_____最大冰结晶生成带。
A. 缓慢通过　　　　　　　　B. 快速通过
C. 不通过　　　　　　　　　D. 长时间停留在

参考答案及说明

一、判断题

1. √。芹菜叶部的维生素 C 含量是茎的 13 倍。

2. ×。菠菜的根部营养丰富，烹调后味甜糯，并具有食疗作用，因此加工时应保留较大的根部。

3. ×。对带有虫卵较多不易择除的蔬菜，应用淡盐水溶液浸泡去除。弱碱水不但不能去除虫卵，还对原料有所损伤。

4. √。

5. ×。切后长时间不烹调，会使蔬菜创面接触空气发生氧化，从而导致营养素损失。

6. √。

7. √。

8. √。

9. ×。正值换毛时期的家禽有许多绒毛，要用镊子去净余毛，较其他时期的家禽煺毛费时。

10. ×。家禽的胆、淋巴组织是不能食用的。

11. √。八宝鳜鱼菜品要求鱼体完整，根据开膛加工一定要符合菜品具体要求的原则，只能从口腔中去除内脏，不能剖腹去除内脏。

12. ×。鱼在加工时如果胆囊破裂，应马上在沾了胆汁的鱼肉上涂些酒或小苏打，使胆汁溶解，再用冷水冲洗，苦味便可消除，仍可食用。

13. √。
14. ×。在沸水中烫时间过长时，原料中的营养物质就会溶解流失在水中。
15. √。春笋的表皮、根部和筋质地较老，不适宜食用。
16. ×。土豆中鞣酸物质在空气中易氧化变色，因此土豆表皮加工洗净后应浸泡在清水中，以隔绝空气，避免褐变。
17. √。
18. ×。叶菜类的粗加工主要是去除不能食用的部分，除了择去老根、黄叶、枯叶外，还应剔去泥土和杂质。
19. √。将有虫卵附着的原料放入2%～3%的食盐溶液中浸泡5 min能使虫卵的吸盘收缩，从原料上脱落，再用清水清洗即可去掉虫卵和腻虫。
20. ×。高锰酸钾溶液洗涤方法主要适用于生食凉拌蔬菜的杀菌消毒。
21. ×。浓度为3%的高锰酸钾溶液用于洗涤蔬菜浓度过高，会灼伤蔬菜，造成营养损失。用于洗涤蔬菜的高锰酸钾溶液浓度一般为0.3%。
22. ×。高锰酸钾溶液不稳定，遇光会发生分解，放置时间过长，会逐渐失效。生食凉拌的蔬菜原料在高锰酸钾溶液中一般浸泡5 min即可。
23. √。
24. √。
25. √。花菜类原料质地较松散，稍受外力很容易破损，清洗时应轻柔以保证其完整性。
26. √。
27. ×。西红柿去皮一般采用沸水烫制去皮法。
28. ×。根据原料种类的不同，茄果类原料有的去皮、去蒂，有的只去蒂不去皮，有的还要去掉子瓤。
29. ×。只有可以食用的菌类的伞冠部、子柱部才是蔬菜。
30. ×。菌类蔬菜食用部分除了伞冠部，还有子柱部。
31. √。藻类蔬菜的叶部富含营养素，是人体铁、碘、钙及蛋白质等的重要来源。
32. ×。藻类蔬菜虽然主要为水生，但无处不在，广泛分布在森林、大海、大陆甚至极地的苔原，不单以海产为主。
33. √。此种方式便于很好地放尽鸡血，保证肉品的质量。
34. ×。鸡的煺毛有顺拔和倒退两种手法。
35. ×。鸭烫泡煺毛的水温不宜太高，冬天水温为80～85℃，春秋季为75～80℃。温度过高，褪毛时会造成禽体损伤。
36. ×。宫保鸡丁成品为丁状，不是以整只鸡形式呈现的菜品，不需要背开加工。

37. ×。整只烤制的家禽肋开可使其在烤制时不漏油水。
38. ×。鸽子一般采用浸水闷杀或酒灌醉的宰杀方式。
39. ×。八宝葫芦鸡不能采用背开方式去除内脏，而是采用整鸡脱骨的加工方法。
40. ×。鸡血不能采用旺火加工加热，否则血块起孔，食之如棉絮，口感质量较差。
41. √。
42. ×。鱼鳃是鱼的呼吸器官，在水中很容易被大量病原体生物感染，再加上鱼呼吸后的废物都遗留在鳃内，使鳃内很不卫生，因此鱼鳃均不能食用，加工时应予以去除。
43. ×。
44. ×。黑鱼、鳜鱼等，因鱼鳃较硬，用手挖除易伤手，应用剪刀去除。
45. ×。从鱼的口腔中取内脏，应先在鱼的脐部割一刀，割断内脏，才能用手或两根筷子由口腔插入，夹住内脏用力向一个方向绞卷后拉出。
46. √。鲜活原料加工后应合理存放，控制温度5℃以下冷藏或冷冻，避开微生物活跃温度区间，防止品质变坏。
47. ×。通常情况下，鲜活原料在零度环境中可以保存48小时，时间过长会影响品质。
48. ×。由于火腿加工过程中会沾有顽固油腻，必须用热的食用碱水溶液才能将火腿外表刷洗干净。
49. √。火腿初加工多采用蒸制的方法，较煮的加工方法很好地保留了火腿的特色香味。
50. ×。渗透作用就是溶液与纯溶剂在相同的外压下由半透膜隔开时，纯溶剂能透过半透膜使溶液变淡的现象。
51. ×。毛细现象是含有细微缝隙的物质与液体接触，在浸润情况下，液体沿缝隙上升或渗入；在不浸润情况下，液体沿缝隙下降的现象。
52. √。根据毛细现象干货原料含有细微缝隙，当与水接触，在浸润情况下，水沿缝隙渗入，吸水膨胀，达到涨发的目的。
53. ×。毛细管通常指的是内径等于或小于1 mm的细管，因管径有的细如毛发故称毛细管。毛细血管是极细微的血管，其功能是利于血液与组织之间进行物质交换，不会利用毛细现象吸水而膨胀。
54. √。所有的涨发方法，如油发、火发、盐发、碱发、微波发，最后完成涨发的终结过程都要在水发这一环节完成。
55. √。这是根据冷水发料的操作方式的分类。
56. ×。冷水浸发的时间应根据原料的大小、老嫩和松软、坚硬的程度而定。
57. √。
58. ×。题干中所描述的是泡发而非温水发。

59. ×。煮发多用于体质坚硬的干料而非体质柔软的干料。

60. ×。煮发是指把干料放入水中,加热煮沸,使之涨发,而非净料,混淆了词义。

61. √。水蒸气热量充足,原料蒸时内外的汁液不像其他加热方式那样会大量挥发,不需要翻动即可加热成菜,充分保持了原料的形状完整。

62. ×。泡发是指将干料放入热水中浸泡而不再继续加热,使其慢慢泡发涨大,显然不能满足焖后仍不能发透和保持原料特定形态的要求。

63. ×。粉丝只需要一次热水涨发即可达到发料的要求。

64. √。干货海参、鱿鱼体质坚硬、老厚、带筋、夹沙或腥臊气味较重,都要经过几次泡、煮、焖等热水发料过程。

65. √。

66. ×。食品解冻的最终目的是为了恢复其原有性质,进而为了食用。

67. ×。不能一概而论,处于半解冻状态的肉食品,由于结冰率小,肉食品的硬度恰好用刀能切割,便于加工和切配,而且流汁较少。

68. √。

69. ×。完全解冻状态下的食品易受温度影响而使肉质恶化,味道不及半解冻状态肉的品质。

70. √。用流水解冻法解冻的肉质吸水后使重量增加2%～3%,在上浆或制馅时要减少水量。

71. ×。用流水解冻法解冻后肉的肉质表面潮湿,呈粉红色,香味减弱,肉汁流失量较大,但重量却由于吸水而增加了。

72. √。因为水的比热容比空气的大,即温度降低1℃或升高1℃所吸收或放出的热量多。

73. ×。微波是一种高频率的电磁波,其本身并不产生热量,但它能引起食物分子的快速振荡,使食物分子相互碰撞而产生大量摩擦热。

74. √。

75. ×。咸肉若含盐量较高,可以用清水泡一段时间,以减少肉的盐分。

76. ×。将海蜇浸烫至收缩时取出洗净,批成薄片,浸于凉清水中8～10小时,至松酥涨大,这种海蜇才称为"酥蜇"。

77. ×。鹿茸在蒸制过程中不宜加盐,如果放盐会使鹿茸不易发透。

78. √。

79. √。

80. ×。肉馅不可整盆冷藏,要在盆中留出一个空洞,防止肉馅从中间发生变质。

二、单项选择题

1. A。蔬菜的种类不同其食用的方法、营养成分和口感可能相同或相似,而蔬菜的种类不同食用部位是不同的,这也是蔬菜分类的主要依据之一。

2. B。烹饪实践经验表明,将有虫卵附着的叶菜类原料放入2‰~3‰的食盐溶液中浸泡5 min,能使虫的吸盘收缩,浮于水面,便于清除。而温水洗涤和冰水洗涤都不能迅速使虫的吸盘收缩脱离原料,另外碱水洗涤还会导致原料的营养损失,效果均不理想。

3. D。实践经验表明,高锰酸钾溶液洗涤可以去除附着在蔬菜上的虫卵,并起到杀菌作用。

4. A。此种方法主要是应用了臭氧生物强氧化活性炭作用原理,蔬菜经浸泡后不仅能将蔬菜的细菌杀灭,同时可避免蔬菜被细菌再次污染。而此种作用只适用于蔬菜的表面,对蔬菜的质地和颜色没有影响。

5. C。先洗后切可以防止水溶性维生素的流失,先切后洗会造成质汁和营养素的流失,只洗不切和先烹后切不符合实际的烹饪操作卫生要求。

6. A。人们通常食用莴笋的茎部,实际上莴笋叶同样可以食用,并且莴笋叶营养成分远远高于莴笋的茎部。

7. B。

8. A。鸡血含血红蛋白10.3 g/100 mL,血为鲜红色,血液放不尽,会使肉色发红。

9. D。一般鸭、鹅等水禽类烫泡时间可长些,水温也略高;鸡、鸽子、鹌鹑等烫泡时间应短些,水温也略低。家禽质老的,烫制水温应高些,时间可长些;质嫩的,烫制水温应低些,时间应短些。家禽烫毛冬季水温应高些,时间应长些;夏季水温应低些,时间应短些;春秋季节应适中。

10. C。胆中含有巨毒的胆汁毒素,中毒就会引起腹腔内各个器官功能衰竭,最后导致死亡。

11. B。烫毛应根据品种和季节的不同而有所不同,鹅的羽毛较鸡质地硬,因此烫制水温要高。

12. A。由于鱼类品种很多,不同品种鱼类的形状、性质各异,所以加工方法也不相同。

13. D。鱼鳃是鱼的呼吸器官,在水中很容易被大量病原体生物感染,再加上鱼呼吸后的废物都遗留在鳃内,使鳃内很不卫生,因此鱼鳃在加工时应予以去除。

14. D。所有的烹饪初加工均是为最后的烹饪成菜服务的,因此有鳞鱼的剖腹方法应考虑鱼加工后用于烹饪何种菜肴、对形体有无特殊要求等因素而最终确定。

15. B。胆汁色绿味苦,如胆汁破损将会影响鱼肉的颜色和味道。

16. A。这是根菜类原料蔬菜的定义,是原料按食用部位分类的主要指标之一。

17. A。根菜类原料含有一定量的鞣酸（单宁酸），去皮后容易氧化变色，应立即浸入清水中隔绝空气，以防变色。

18. A。山药含有一定量的鞣酸，去皮后容易氧化变色。萝卜、胡萝卜和大蒜不含鞣酸，去皮后在在空气中不会变色。

19. B。质地较嫩的根菜类原料皮富含纤维素，可以食用。

20. C。萝卜、山药、蒜头均有质地较硬的表皮，不能食用，加工时均应去皮。

21. A。

22. B。土豆的食用部分实际是变态的茎，没有质地较硬的根部，只需去皮即可。

23. C。茎菜类原料一般因体积大、不易成熟，需要将原料与冷水同时下锅，煮的时间长一些，以便于更好地去除涩、苦、辣味。

24. A。浸泡在水中以隔绝空气，从而防止原料中的鞣酸氧化变色，这是最有效最经济的做法。

25. B。鲜春笋中含有苦涩异味，通过缓慢的加热将使原料中的不良气味溶出或转化。青菜、菠菜和韭菜质嫩，冷水焯水难以保持鲜艳的色泽。

26. A。黄花菜质嫩，需要热水焯水，保持其嫩度。

27. D。

28. A。

29. A。

30. C。

31. D。盐水洗涤若浸泡时间过长，将会对原料的营养和外观品质有所损伤，因此盐水洗涤时一定要控制盐的浓度和浸泡时间。

32. A。实践经验表明洗涤用盐水浓度为2‰为最佳，浓度过高会对原料的营养和外观品质有所损伤，浓度过低则达不到洗净虫卵的目的。

33. B。实践经验表明高锰酸钾溶液洗涤浓度为0.3‰为最佳，浓度过高会对原料的营养和外观品质有所损伤，浓度过低则达不到杀菌消毒的目的。

34. B。

35. A。

36. C。

37. B。菌类原料质地嫩、松散、易破损，洗涤时应注意保持原料的完整性。

38. D。菌类可以食用的部分主要为伞冠部和子柱部，其他部分均应去除。根须是附着在老根部的，去除老根即可去除根须。

39. B。

40. D。藻类蔬菜质地松散、易破损，洗涤时应注意保持其完整性，以方便下一步的刀工处理。

41. C。海带表面附着苔藓、虫类、甲壳类及污垢等，经开水浸泡后易清洗。碱水有腐蚀性，会损害海带的营养成分；清水、冰水洗涤效果不明显。

42. C。

43. A。

44. C。鸭血用于食用，需用食盐来调制，碘盐也是营养强化的一种食盐。

45. D。鸭子的烫制应先烫爪子，通过爪子外皮脱落的难易程度，辨别水温是否合适。

46. A。鹅尾部和翅膀多为粗毛，本着先粗毛后细毛的原则，应先煺尾部的毛。

47. B。

48. C。这种方式是为了让鸽子的血液不流出体外，以保证肉质鲜美、营养丰富。

49. D。清炖鸡、花椒鸡、烤鸭都需要整只成菜品，而腹开破坏了禽类的整只造型。

50. B。花椒鸭一般是整只装盘上席时为腹部朝上，因此采用背开法取内脏，上席后既看不见刀口，又使家禽显得丰满，较为美观。

51. C。采用肋开法是为了使烤鸭在烤制时不漏油水，腹背不收缩变形，形态完整。

52. C。家禽肠子的主要成分是平滑肌，有较好的口感；家禽的血液富含蛋白质和维生素，营养丰富；家禽的油脂味道鲜美，是重要的鲜味调味料，在烹饪中均有广泛的应用，不应去除。

53. C。

54. B。因为加工方法包括去鳞、宰杀和烹制方法。

55. D。开膛只不过是去内脏的一种方式，有的鱼不需要开膛也可去内脏。

56. A。

57. C。从鱼的口腔中将内脏取出，其方法是先在鱼的脐部割一刀，将内脏割断，然后用手或两根筷子由口腔插入，夹住内脏用力向一个方向绞卷后拉出。

58. B。原料的初加工应为最终烹调成菜服务，一切的初加工要符合菜品的要求。

59. C。经过试验研究，微生物指标及食用感官指标测定的结果，温度越低微生物生长繁殖越慢，因此保存的时间越长。

60. D。

61. B。

62. C。

63. A。火腿初加工时为了给火腿充分的清洗，一般把整只火腿放在清水中浸泡，使其表面充分浸润。

64. C。由于火腿加工过程中会沾有顽固油腻，必须用热的食用碱水溶液才能将火腿外表刷洗干净。

65. D。

66. D。有的干料经过油发或火发后，也必须经过水发的过程。

67. A。热水发和温水发利用了热的传导作用原理，促使干料体内分子加速运动，加快吸收水分；碱水发的原理主要是利用碱液的腐蚀性，去除原料表面的防水物质，有利于水与原料作用。

68. A。

69. D。

70. B。

71. B。

72. C。小火、微火加热使发制的原料均匀受热，防止火大造成原料外皮皮开肉烂，而内部却仍未发透。

73. B。

74. A。冷库原料中包含冷冻原料和冷藏原料，冷藏原料是不需要解冻的。刚刚上冻的原料正处于最佳的半解冻状态，便于加工，不需要解冻。

75. C。营养和风味物质选择项内涵已经包括了营养素、鲜味成分、血红蛋白的内容。

76. D。

77. A。半解冻状态的肉的硬度恰好用刀能切割，便于加工和切配，且肉食品流汁少，是烹饪加工的最佳解冻状态。

78. B。

79. D。完全解冻状态的原料易受温度的影响，温度较高时，氧化酶和微生物的作用非常迅速，很快使肉色变深并产生异味。

80. C。

81. A。自然解冻法仅在0～3℃环境中吸收热量解冻，因此解冻需要的时间较长。

82. B。长时间裸露在水中，且易受温度、氧化酶和微生物的作用，因此营养素损失较多。

83. D。长时间裸露在水中，肉质会吸水使重量增加。

84. B。

85. D。

86. A。加温解冻肉汁流失较多，所以颜色会变淡。

87. B。

第二章　原料的分档与切割

考 核 要 点

理论知识考核范围	考核要点	重要程度
原料部位分割	1. 原料分割与剔骨整理的概念	熟悉
	2. 分割与剔骨整理的目的	掌握
	3. 家禽胸肌的特点	掌握
	4. 家禽后肢股部和腿部的特点	掌握
	5. 家禽被皮的特点	掌握
	6. 红肌纤维和白肌纤维的特点	掌握
	7. 肌纤维与肉品嫩度与风味的关系	掌握
	8. 肌肉风味与肌间脂肪的关系	掌握
	9. 肉用禽与蛋用禽肌纤维比较	熟悉
	10. 放养禽与圈养禽肌纤维比较	熟悉
	11. 家禽生长与骨骼特点	熟悉
	12. 家禽头、颈和躯干骨的特点	了解
原料切割成形	1. 原料切割的概念	掌握
	2. 原料切割的目的	掌握
	3. 刀具的种类	了解
	4. 刀具的保养	了解
	5. 刀法的使用	了解
	6. 原料的刀工成形——丝	了解
	7. 原料的刀工成形——片	了解

重点复习提示

一、原料部位分割

1. 原料分割与剔骨整理的概念

分割是指根据整形烹饪原料不同部位的质量等级，使用刀具和方法对其进行有目的的切割与分类处理，使其符合烹调的要求而成为具有相对独立意义的更小单位和部件。

剔骨整理是指在动物性原料分割过程中，对需要进行肌肉、脂肪与骨骼分离的原料实施分离处理，并按不同部位或质量等级进行分类整理。

2. 分割与剔骨整理的目的

分割与剔骨整理的主要目的是：使原料符合后续加工的要求，多方位体现原料的品质特点，扩大原料在烹调加工中的使用范围，调整或缩短原料的成熟时间，便于提高菜肴质量，利于人的咀嚼与消化，满足不同人群对菜肴的多种需求。

3. 家禽胸肌的特点

家禽的胸肌最发达，其重量可占全身肌肉的50%左右。

4. 家禽后肢股部和腿部的特点

家禽的后肢股部和腿部的肌肉多且发达，含结缔组织较多。

5. 家禽被皮的特点

家禽的皮肤无汗腺和皮脂腺，尾部具有尾脂腺。皮肤在翼部形成皮肤褶，称为翼膜。

6. 红肌纤维和白肌纤维的特点

禽类肌纤维的结构和功能根据其代谢方式的不同可分为红肌纤维和白肌纤维。

红肌纤维直径较细，单位面积的数量多，肌红蛋白含量丰富，代谢和储存脂肪的能力较强，含有较多脂类物质，主要以氧化形式供能。

白肌纤维直径较大，单位面积的数量较少，含糖原较多，主要以糖原酵解形式供能。伴随生长速度的提高，白肌纤维的数量增多。

7. 肌纤维与肉品嫩度与风味的关系

肌纤维密度和肌纤维直径与肉品嫩度及风味有很重要的关系：即纤维越细，密度越大，肉质越细嫩、风味越好。含红肌纤维较多的肌肉一般质地细嫩多汁，肉鲜亮。

8. 肌肉风味与肌间脂肪的关系

肌肉风味与肌间脂肪面积呈正相关，肌间脂肪含量高的肉，更加味美多汁。

9. 肉用禽与蛋用禽肌纤维比较

肉用禽要比蛋用禽生长速度快，产肉率高，白肌纤维的数量多。

10. 放养禽与圈养禽肌纤维比较

放养禽与圈养禽相比，前者红肌纤维的数量比后者多，其肌纤维的直径也比后者小。

11. 家禽生长与骨骼特点

幼禽几乎所有骨内都含有骨髓，而到成年，除翼部和后肢的一部分骨骼外，大都被与外界相通的气腔所代替，为含气骨。

家禽骨骼的骨密质非常致密，大部分骨骼为含气骨，使骨骼具有既坚固又较轻的特点。

12. 家禽头、颈和躯干骨的特点

(1) 头骨中颅骨和上颌骨各愈合成一个整体，上下颌没有牙齿。

(2) 颈椎数目多，联结成"乙"状弯曲；枕骨髁只有一个，使头转动灵活。

二、原料切割成形

1. 原料切割的概念

原料切割成形是指运用刀具对烹饪原料进行切割加工，简称刀工。从清理加工到分割加工都离不开刀工，如对鸭的宰杀、对猪胴体的分割等都是通过刀工来实现的。

2. 原料切割的目的

刀工的主要目的是对完整原料进行分解切割，使之成为组配菜肴所需要的基本形体。对原料进行切割成形的加工是厨师手工工艺中重要的基本功之一。

3. 刀具的种类

刀具的种类很多，按刀的形状来分有：方头刀、圆头刀、马头刀、尖头刀、斧形刀等；按刀的用途来分有：批（片）刀、切刀、斩刀、前批（片）后斩刀等。无论是以形状分，还是以用途分，就一把刀而言，其形状与用途都是统一的。

4. 刀具的保养

不使用刀具时，应将刀具放在安全、洁净、干燥的刀具架上或刀具柜内，这样既能防止生锈，又能避免刀刃损伤或伤及他人。

刀具使用后，必须先用清水洗净，再用清洁的抹布擦去刀具上的水分，特别是在加工盐、酸、碱及黏液含量较多的原料（如咸菜、榨菜、土豆、山药等）之后，更要洗净并擦抹干净。

5. 刀法的使用

平批是指原料保持在刀刃的一个固定位置，平行批进，不向左右移动。对易碎的软嫩原料，如豆腐干、鸭血等，常采用此法。

正斜刀法是指刀与砧板右侧角度为 $40°\sim50°$。

6. 原料的刀工成形——丝

一般将细于 0.3 cm×0.3 cm 以下、长约 4.5～5.5 cm 的细工料形称为丝，亦有粗丝、中细丝、细丝三个基本等级。

粗丝细约 0.3 cm×0.3 cm、长约 4.5～5.5 cm，因细如绒线，故又称为"绒线丝"；中细丝细约 0.15 cm×0.15 cm、长约 4.5～5.5 cm，因细如火柴梗，故又称为"火柴梗子丝"；细丝细约 0.1 cm×0.1 cm 以下、长约 4.5～5.5 cm，因细如麻丝，故又称为"麻线丝"。

7. 原料的刀工成形——片

长方片具有长方形结构，规格有大、中、小三等。大号规格约 6 cm×2 cm×0.2 cm，大菜中使用，适用于扒、蒸、烩菜肴的辅料料形；中号规格约 5 cm×2 cm×0.2 cm，常用于冷菜刀面料形；小号规格约 3.5 cm×1.5 cm×0.2 cm，常用于热菜配料。

月牙片是指将柱形或球形原料剖开取片，半圆如月牙，一般以原料的半径决定其大小。用于热碟时的料形长度（直径）不超过 4 cm。

辅导练习题

一、判断题（下列判断正确的请在括号内打"√"，错误的请在括号内打"×"）

1. 分割是指根据整形烹饪原料不同部位的重量等级，使用刀具和方法对其进行有目的的切割与分类处理，使其符合烹调的要求，而成为具有相对独立意义的更小单位和部件。
（   ）

2. 分割是指根据整形烹饪原料不同部位的质量等级，使用刀具和方法对其进行有目的的切割与分类处理，使其符合烹调的要求，而成为具有相对独立意义的单位和部件。（   ）

3. 剔骨包括分档剔骨和整料剔骨。（   ）

4. 所有的家禽都必须经过原料分割或剔骨整理的工序。（   ）

5. "清炖仔鸡""北京烤鸭""脆皮乳鸽"等名菜，是经过原料分割或剔骨整理加工后制作而成的。（   ）

6. 整理包括去皮，修除对原料质量有不良影响的淤血、伤肉、黑色素肉，割除粗血管及全部淋巴结，修去粗组织膜并检查遗留碎骨及清除表面污物等。（   ）

7. 分割与剔骨整理过程中必须符合食品卫生要求。（   ）

8. 分割与剔骨整理时必须符合所制菜肴的品质要求。（   ）

9. 在原料剔骨过程中，必须剔除全部硬骨，由于软骨中含有丰富的钙质并可以食用，可以不去除。（   ）

10. 剔骨过程中要求下刀要准确，做到骨上无肉，避免碎肉与碎骨渣。（   ）

11. 家禽的胸肌最发达，其重量可占全身肌肉的70%左右。（   ）

12. 家禽的皮肤有汗腺和皮脂腺，尾部具有尾脂腺。（   ）

13. 家禽的皮肤在翼部形成皮肤褶，称为麂皮。（   ）

14. 红肌纤维直径较细，单位面积的数量多，肌红蛋白含量丰富，代谢和储存脂肪的能力较强，含有较多脂类物质，主要以氧化形式供能。（   ）

15. 白肌纤维直径较大，单位面积的数量较少，含糖原较多，主要以糖原酵解形式供

能。伴随生长速度的提高，白肌纤维的数量减少。（   ）
16. 含红肌纤维较多的肌肉，一般质地细嫩多汁，肉鲜亮。（   ）
17. 肌肉风味与肌间脂肪面积呈正相关，肌间脂肪含量低的肉更加味美多汁。（   ）
18. 放养的禽与圈养的禽相比，前者红肌纤维的数量比后者多，其肌纤维的直径也比后者粗。（   ）
19. 放养的禽与圈养的禽相比，前者红肌纤维的数量比后者少，其肌纤维的直径也比后者小。（   ）
20. 家禽骨骼的骨密质非常致密，大部分骨骼为含气骨，使骨骼具有既坚固又较轻的特点。（   ）
21. 家禽骨骼的骨密质非常致密，大部分骨骼为实骨，使骨骼具有坚固的特点。（   ）
22. 禽类的颈椎数目少，联结成"乙"状弯曲。（   ）
23. 按烹饪用途分，家禽的主要肌肉可分为脯肉、腿肉和翅膀肉。（   ）
24. 分割原料必须符合食品卫生及原料等级的要求。（   ）
25. 分割取料后的原料必须保持其局部的完整性。（   ）
26. 鸡分档剔骨的主要部位是指鸡腿、鸡翅和鸡脯。（   ）
27. 对鸡腿进行剔骨时，应先用刀从鸡腿外侧剖开。（   ）
28. 鸡翅剔骨过程中必须去除鸡翅中的所有骨骼。（   ）
29. 鸡的剔骨加工分为分档剔骨与整鸡剔骨两种。（   ）
30. 鸭爪宜整用，适于酱、卤、煮、炖等。（   ）
31. 对鸭的宰杀、对猪胴体的分割等都不是通过刀工来实现的。（   ）
32. 对原料进行切割成形的加工是中式烹调师重要的基本功之一。（   ）
33. 无论是以形状分，还是以用途分，就一把刀而言，其形状与用途都不是统一的。（   ）
34. 大方刀刀柄短，惯力大，一刀多能，前批、后剁、中间切，使用方便而又省力，具有良好的性能。（   ）
35. 烹饪刀具使用的最高要求是"一把刀打天下"。（   ）
36. 刀具使用以后，必须先用清水洗净，再用清洁的抹布擦去刀具上的水分，特别是在加工盐、酸、碱以及黏液含量较多的原料（如咸菜、榨菜、土豆、山药等）之后，更要洗净并擦抹干净。（   ）
37. 刀具在加工盐、酸、碱以及黏液含量较多的原料（如咸菜、榨菜、土豆、山药等）之后，用清水洗净即可。（   ）
38. 不经常使用的刀具在用完后，必须洗净擦干，并可在刀身两面涂少许植物油，以防

腐蚀生锈。( )

39. 磨刀时角度不对，刀刃磨研过度，呈锯齿状或翻卷，行业上称为偏锋现象。( )

40. 磨刀时刀面用力轻重不一，磨数不同，刀锋偏向一侧，行业上称为毛口现象。( )

41. 磨刀时刀中间用力过重，磨数过多，向内呈弧度凹进，行业上称为"罗汉肚"现象。( )

42. 磨刀时刀的前后磨数不均，刀身中腰呈大肚状突出，行业上称为"月牙口"现象。( )

43. 磨刀时刀两面用力轻重不一，磨数不同，刀锋偏向一侧，行业上称为"圆锋"现象。( )

44. 磨刀时刀的角度不对，刀刃磨研过度，呈锯齿状或翻卷，行业上称为"摇头"现象。( )

45. 为了防止菜墩虫蛀及腐烂，应常将菜墩放在烈日下暴晒，以保持菜墩的干燥。( )

46. 正斜刀法是切割柳叶片、抹刀片的专门刀法，能相对扩大较薄原料的坡度截面，增加与汤卤的接触面。( )

47. 一般来说，平刀批的片大多数还需进一步切割成更小的料形，斜刀片则一般无须再切割。( )

48. 在对原料进行砍剁时，如一刀不断料，则可以在原刀口上迅速复刀，直至断料。( )

49. 正斜批，右侧角度为 20°～30°，一般来讲，正斜刀法运用的是拉力，故又叫"斜拉批"。( )

50. 制作烩冬笋这道菜肴时，对竹笋的加工常用滚料切成滚刀块。( )

51. 排刀法具有扩大原料表体面积，增强与浆、糊的附着力，使致密结构疏松柔软等诸多功能。( )

52. 原料细约 0.1 cm×0.1 cm 以下、长约 4.5～5.5 cm，因细如麻丝，故又称为"麻线丝"，细可穿过针眼。( )

53. 原料粗约 0.5 cm×0.5 cm，长约 3.5～4.5 cm，因粗如竹筷，故又称为"筷子丝"。( )

54. 月牙片是将柱形或球形原料剖开取片，半圆如月牙，一般以原料的半径决定其大小。用于热碟时，料形长度（直径）不超过 5 cm。( )

55. 在多数情况下，夹刀片由直刀法产生。( )

56. 切片时应注意原料纤维的纹理方向，较嫩者宜逆向，较老者宜顺向。（   ）

57. 刀案工作台应有调节高度装置，可随工作人员体高调节，一般以胸高为宜。（   ）

58. 进行切割操作时，正确的站立姿势是：双脚呈八字，脚尖与肩齐，两腿直立，挺胸收腹，与案相距约 5 cm。（   ）

二、单项选择题（下列每题有 4 个选项，其中只有 1 个是正确的，请将其代号填写在横线空白处）

1. _____ 是指在动物性原料分割过程中，对需要进行肌肉、脂肪与骨骼分离的原料实施分离处理，并按不同部位或质量等级进行分类整理。

    A. 剔骨整理   B. 剔肉处理
    C. 分割处理   D. 宰杀处理

2. 剔骨整理是指在动物性原料_____中，对需要进行肌肉、脂肪与骨骼分离的原料实施分离处理，并按不同部位或质量等级进行分类整理。

    A. 加工过程   B. 分割过程
    C. 宰杀过程   D. 洗涤过程

3. 剔骨整理是指在动物性原料分割过程中，对需要进行_____与骨骼分离的原料实施分离处理。

    A. 通脊   B. 骨骼
    C. 肌肉、脂肪   D. 肌肉

4. 下列菜肴必须经过原料分割或剔骨整理的工序后才能制成的菜肴是_____。

    A. 清炖仔鸡   B. 北京烤鸭
    C. 脆皮乳鸽   D. 滑熘鸡丁

5. 下列菜肴不需要经过原料分割或剔骨整理的工序就能制成的菜肴是_____。

    A. 三鲜鸭羹   B. 北京烤鸭
    C. 双菇鸽松   D. 滑熘鸡丁

6. 下列不是人们对家禽类原料进行分割或剔骨整理的原因的是_____。

    A. 体现中国烹饪精湛刀工   B. 丰富禽类菜肴品种
    C. 提高禽类的食用价值   D. 禽类不同部位肌肉品质不同

7. 分割与剔骨整理的主要目的之一是：使原料符合_____的要求。

    A. 后续加工   B. 食用
    C. 切配   D. 烹调

8. 分割与剔骨整理的主要目的之一是：扩大原料在烹调加工中的使用范围，调整或缩短原料的_____时间。

A. 烹调 B. 成熟
C. 加工 D. 烤制

9. 分割与剔骨整理的主要目的之一是：便于提高＿＿＿＿，利于人的咀嚼与消化，满足不同人群对菜肴的多种需求。

A. 食用口味 B. 制作技巧
C. 菜肴质量 D. 成菜技艺

10. 分割与剔骨整理时必须按照原料的＿＿＿＿进行分割与归类。

A. 不同部位 B. 不同生长期
C. 不同产地 D. 不同价格

11. 分割与剔骨整理时必须按照原料的＿＿＿＿进行分割与归类。

A. 产地特点 B. 质量标准
C. 质量等级 D. 价格标准

12. 家禽的胸肌最发达，主要位于＿＿＿＿。

A. 胸骨部 B. 颈下部
C. 上腹部 D. 前肢股前部

13. 家禽的后肢股部和腿部的肌肉多且发达，含＿＿＿＿较多。

A. 肌肉组织 B. 瘦肉
C. 结缔组织 D. 肌纤维

14. 禽类肌纤维的结构和功能根据其代谢方式的不同可分为＿＿＿＿。

A. 红蛋白和白蛋白 B. 红肉和白肉
C. 红肌纤维和白肌纤维 D. 红纤维和白纤维

15. 肌纤维的＿＿＿＿与肉品嫩度及风味有很重要的关系。

A. 密度和直径 B. 品种和数量
C. 数量和质量 D. 含水量和密度

16. 肌纤维越＿＿＿＿，密度越大，肉质也越细嫩，风味越好。

A. 多 B. 少
C. 细 D. 粗

17. 肉用禽要比蛋用禽生长速度快，产肉力高，＿＿＿＿的数量多。

A. 瘦肉 B. 红肌纤维
C. 肌肉 D. 白肌纤维

18. 幼禽几乎所有骨内都含有＿＿＿＿。

A. 骨油 B. 骨髓

C. 骨血 D. 血液

19. 成年禽类除_____的一部分骨骼外，大都被与外界相通的气腔所代替。
    A. 前肢和后肢 B. 胸部和翼部
    C. 翼部和后肢 D. 尾部和胸部

20. 成年禽类的骨骼，大都被与外界相通的气腔所代替，成为_____。
    A. 无髓骨 B. 气腔骨
    C. 气骨 D. 含气骨

21. 禽类的头骨中_____和上颌骨各愈合成一个整体，上下颌没有牙齿。
    A. 齿骨 B. 颅骨
    C. 腮骨 D. 下颌骨

22. 从分档取料、物尽其用的角度出发，适宜煮汤的原料是_____。
    A. 鸡脯 B. 鸡腿
    C. 鸡肝 D. 鸡架

23. 原料切割成形简称_____。
    A. 刀工 B. 加工处理
    C. 初加工 D. 切配

24. 原料切割成形是指运用_____对烹饪原料进行切割的加工。
    A. 花刀 B. 加工设备
    C. 刀具 D. 工具

25. 刀工主要是对完整原料进行_____。
    A. 切配 B. 分解切割
    C. 剔骨 D. 处理

26. 刀工主要是对完整原料进行分解切割，使之成为_____所需要的基本形体。
    A. 切配菜肴 B. 加工菜肴
    C. 组配菜肴 D. 烹饪菜肴

27. 原料被切割成一定形状后，不仅具有某种美观的形体，更重要的是为_____提供了方便。
    A. 配料加工 B. 成菜美观
    C. 预制加工 D. 制熟加工

28. 按刀的形状来分，有：_____、马头刀、尖头刀、斧形刀等。
    A. 片刀、批刀 B. 方头刀、圆头刀
    C. 剃刀、方头刀 D. 圆头刀、片刀

29. 按刀的_____来分，有：批（片）刀、切刀、斩刀、前批（片）后斩刀等。
   A. 质地
   B. 形式
   C. 用途
   D. 形状

30. 不使用刀具时，应将刀具放在安全、洁净、干燥的_____，这样既能防止生锈，又能避免刀刃损伤或伤及他人。
   A. 刀具架或消毒柜内
   B. 消毒板或砧板上
   C. 刀具架或刀具柜内
   D. 消毒板或菜墩上

31. 常用于新刀开刃的磨刀石是_____。
   A. 粗磨石
   B. 细磨石
   C. 粗油石
   D. 磨刀棒

32. 下列刀具在磨制时需要平磨的刀具是_____。
   A. 剁刀
   B. 批刀
   C. 斧形刀
   D. 大方刀

33. 下列刀具在磨制时需要翘磨的刀具是_____。
   A. 小方刀
   B. 批刀
   C. 斧形刀
   D. 大方刀

34. 下列刀具在磨制需要平翘结合磨的刀具是_____。
   A. 剁刀
   B. 批刀
   C. 斧形刀
   D. 大方刀

35. 刀具磨制后应进行鉴定，其锋利合格的标准是_____。
   A. 迟钝刀刃原有的白线消失
   B. 刀两面出现卷口
   C. 刀两面出现圆锋
   D. 刀两面出现毛峰

36. 一般说来，木质的新菜墩为了方便使用，在使用前应先用_____浸泡。
   A. 清水
   B. 碱水
   C. 盐水
   D. 福尔马林水

37. 依据_____，刀法可分为平刀法、斜刀法、直刀法和其他刀法四大类型。
   A. 刀的种类
   B. 切配原料的种类
   C. 刀身与原料的接触角度
   D. 刀尖与砧板的夹角

38. 平批是指原料保持在刀刃的一个固定位置，_____，不向左右移动。
   A. 横向批进
   B. 平行批进
   C. 推动批进
   D. 横行批进

39. 推批是动用向外的推力，批料时原料从_____进入原料。

A. 刀腰部 B. 刀根部
C. 刀尖部 D. 刀背部

40. 下列原料适合用平批刀法进行加工的是_____。
A. 面包 B. 鸭血
C. 生姜 D. 猪肉

41. 下列原料适合用推批刀法进行加工的是_____。
A. 豆腐干 B. 鸭血
C. 排骨 D. 生姜

42. 下列原料适合用拉批刀法进行加工的是_____。
A. 白菜 B. 竹笋
C. 榨菜 D. 鸡脯

43. 下列原料适合用锯批刀法进行加工的是_____。
A. 面包 B. 猪腰
C. 猪肝 D. 瘦肉

44. 正斜刀法，即正斜批，运刀时刀身与砧墩右侧角度为_____。
A. 10°～20° B. 40°～50°
C. 70°～80° D. 130°～140°

45. 反斜刀法，即反斜批，运刀时刀身与砧墩右侧角度为_____。
A. 10°～20° B. 40°～50°
C. 70°～80° D. 130°～140°

46. 下列原料适合用直切刀法进行加工的是_____。
A. 面包 B. 胡萝卜
C. 生姜 D. 猪肉

47. 下列原料适合用推切刀法进行加工的是_____。
A. 萝卜 B. 土豆
C. 排骨 D. 鱼肉

48. 下列原料适合用锯切刀法进行加工的是_____。
A. 羊膏 B. 猪腰
C. 猪肝 D. 瘦肉

49. 下列原料适合用铡切刀法进行加工的是_____。
A. 萝卜 B. 土豆
C. 排骨 D. 螃蟹

50. 剁法是指用力于小臂，刀刃距料_____以上垂直用力，迅速击断原料的方法。
    A. 1 cm
    B. 5 cm
    C. 0.5 cm
    D. 3 cm

51. 切法是指运用腕力，刀刃离料_____，向下割离原料的方法。
    A. 0.5～1 cm
    B. 2～3 cm
    C. 3 cm 以上
    D. 5 cm 以上

52. 制作烩冬笋这道菜肴时，对竹笋的加工常用刀法为_____。
    A. 直切法
    B. 滚料切法
    C. 推切法
    D. 撬刀法

53. 一般对易碎的_____，常采用平批刀法。
    A. 脆嫩原料
    B. 脆性原料
    C. 韧性原料
    D. 软嫩原料

54. 一般将细于_____以下、长约4.5～5.5 cm 的细工料形称为丝。
    A. 0.3 cm×0.3 cm
    B. 0.4 cm×0.4 cm
    C. 0.5 cm×0.3 cm
    D. 0.3 cm×0.4 cm

55. 一般将细于0.3 cm×0.3 cm 以下、长约_____的细工料形称为丝。
    A. 3.5～5.5 cm
    B. 4.5～5.5 cm
    C. 5.5～8.5 cm
    D. 6～10 cm

56. 细约0.3 cm×0.3 cm、长约4.5～5.5 cm 的料形称为"_____"。
    A. 筷子头
    B. 粗火柴棍
    C. 绒线丝
    D. 韭菜丝

57. 细约0.15 cm×0.15 cm、长约4.5～5.5 cm 的料形称为"_____"。
    A. 韭菜丝
    B. 绒线丝
    C. 鸡丝
    D. 火柴梗子丝

58. 长方片料形具有长方形结构，规格有大、中、小三等，大号规格约_____。
    A. 6 cm×2 cm×0.2 cm
    B. 8 cm×3 cm×0.4 cm
    C. 6 cm×2 cm×0.4 cm
    D. 6 cm×2 cm×0.3 cm

59. 长方片料形具有长方形结构，规格有大、中、小三等，中号规格约_____。
    A. 6 cm×2 cm×0.2 cm
    B. 5 cm×2 cm×0.2 cm
    C. 5 cm×2 cm×0.4 cm
    D. 5 cm×2 cm×0.3 cm

60. 长方片料形具有长方形结构，规格有大、中、小三等，小号规格约_____。
    A. 5 cm×2 cm×0.2 cm
    B. 5 cm×1.5 cm×0.2 cm

C. 3.5 cm×1.5 cm×0.2 cm   D. 4 cm×1.5 cm×0.3 cm

61. _____料形具有长方形结构，规格有大、中、小三等，大号规格约 6 cm×2 cm×0.2 cm。

  A. 长方块   B. 长方条

  C. 长条   D. 长方片

62. 原料切片时应注意原料的纤维纹理方向，下列原料中宜逆向切片的是_____。

  A. 牛肉片   B. 鸡肉片

  C. 鱼片   D. 猪肉片

参考答案及说明

一、判断题

1. ×。应该是根据整形烹饪原料不同部位的质量等级。

2. √。

3. √。

4. ×。因为经宰杀、清理加工后的家禽净料，如光鸡、光鸭、光鸽等，是可以直接进行制熟加工的。

5. ×。这些名菜是使用经宰杀、清理加工后的家禽净料直接进行制熟加工的。

6. √。

7. √。

8. √。

9. ×。剔骨的主要目的就是剔除骨骼，尽量保持肉的完整性，所以不论硬骨还是软骨必须全部去除。

10. ×。由于骨骼的关节处骨头和肌肉连接紧密，一般情况很难做到骨上无肉，因此骨关节处只能说力求骨上少肉。

11. ×。家禽胸肌的重量可占全身肌肉的 50% 左右。

12. ×。家禽的皮肤无汗腺和皮脂腺。

13. ×。家禽的皮肤在翼部形成皮肤褶，称为翼膜。

14. √。

15. ×。伴随生长速度的提高，白肌纤维的数量增多。

16. √。

17. ×。肌间脂肪含量高的肉更加味美多汁。

18. ×。放养的禽的肌纤维直径比圈养禽的小。
19. ×。放养的禽的红肌纤维数量比圈养禽的多。
20. √。
21. ×。家禽骨骼的骨密质非常致密，大部分骨骼为含气骨。
22. ×。禽类的颈椎数目多，联结成"乙"状弯曲。
23. √。脯肉、腿肉和翅膀肉面积大而集中，便于烹饪处理和食用。
24. √。
25. ×。分割取料后有些原料难以保持其局部的完整性，操作中做到尽量保持就可以了。
26. ×。鸡脯已是净肉，不需要剔骨取肉。
27. ×。剔骨时，应先用刀从鸡腿内侧剖开。
28. ×。为菜肴整体的美观，翅尖部位的骨骼一般在生料剔骨时予以保留。
29. √。
30. √。
31. ×。对鸭的宰杀、对猪胴体的分割等都是通过刀工来实现的。
32. √。
33. ×。就一把刀而言，其形状与用途都是统一的。
34. √。
35. ×。正确的用刀是根据不同的原料和不同的刀法，使用不同的刀具。
36. √。
37. ×。用清水洗净后还要擦抹干净，防止生锈。
38. √。
39. ×。偏锋现象是指磨刀时刀的两面用力轻重不一，磨数不同，刀锋偏向一侧。
40. ×。毛口现象是指磨刀时角度不对，刀刃磨研过度，呈锯齿状或翻卷。
41. ×。"罗汉肚"现象是指刀的前后磨数不均，刀身中腰呈大肚状突出。
42. ×。"月牙口"现象是指磨刀时刀的中间用力过重，磨数过多，向内呈弧度凹进。
43. ×。"圆锋"现象是指刀用而不磨，膛刀过多，刀圆厚，久磨不利。
44. ×。"摇头"现象是指刀磨制后前厚后薄，重心不稳。
45. ×。将菜墩放在烈日下暴晒，宜使其炸裂。
46. √。
47. √。
48. ×。砧剁不宜在原刀口上复刀，应一刀断料，准确迅速，否则易产生碎骨、碎肉，从而影响原料质量。

49. ×。正斜批，右侧角度为 40°～50°。

50. ×。"烩冬笋"的取块加工常用撬刀法，即刀刃嵌入原料约 1/3，以刀身作为杠杆，拨开原料。料块表体有纤维的撕裂状，能提高原料对调味卤汁的吸附力。

51. √。

52. √。

53. ×。因粗如竹筷，故又称为"筷子条"。

54. ×。用于热碟时，料形长度（直径）应不超过 4 cm。

55. ×。夹刀片也经常用斜刀法产生。

56. ×。切片时，较老者宜逆向，如牛肉片、笋片等；较嫩者宜顺向，如鱼片、鸡片等。

57. ×。刀案工作台一般以工作人员的腰高为宜。

58. √。

二、单项选择题

1. A。

2. B。加工过程范围比较广；宰杀过程是对动物性原料的初步处理，宰杀过程中不能进行剔骨整理，须在宰杀清洗加工后才能进行。

3. C。

4. D。清炖仔鸡、北京烤鸭和脆皮乳鸽只需光鸡、光鸭、光鸽即可成菜，不需要经过分割或剔骨整理加工。滑熘鸡丁需要将鸡腿肉剔骨处理后才能切配烹调成菜。

5. B。三鲜鸭羹和双菇鸽松是分别用鸭和鸽子的脯肉加工的，滑熘鸡丁是用鸡腿肉加工的，都需要剔骨处理后才能切配烹调成菜。

6. A。由于家禽不同部位肌肉的不同品质特性，通过分割或剔骨后以获得多方位品尝的目的，经分割剔骨加工后，优良的风味特征被充分发挥出来；同时丰富禽类菜肴品种，有利于人的咀嚼与消化，提高食用价值的现实意义。

7. A。动物性原料的切配、烹饪乃至食用都属于后续加工。

8. B。影响烹饪原料成熟的因素主要包括烹调时间的长短、加工是否合理和烤制方法是否合理等。

9. C。分割与剔骨整理是动物性加工的重要环节，这一环节制作成败，是影响菜品质量的关键所在。因此只有确保分割与剔骨整理符合菜品的要求，菜肴的质量才有保证。

10. A。不同部位肉的品质是不同的。

11. C。不同部位肉的质量等级是不同的。

12. A。

13. C。

14. C。禽类的红肌纤维直径较小，单位面积的数量多，肌红蛋白含量丰富，代谢和储存能力较强，含有较多脂类物资，主要以氧化形式供能。禽类的白肌纤维直径较大，单位面积的数量少，含糖原较多，主要以糖原酵解形式供能。

15. A。经过多次试验表明，肌纤维越细，密度越大，肉质也越细嫩，风味越好。

16. C。

17. D。肉用禽类的白肌纤维直径较大，单位面积的数量少，含糖原较多，主要以糖原酵解形式供能。伴随生长速度的提高，白肌纤维的数量增多。

18. B。

19. C。

20. D。家禽骨骼的骨密质非常致密，大部分骨骼为含气骨，使骨骼具有既坚固又较轻的特点。

21. B。

22. D。鸡架没有食用性，但其呈味物质丰富，经煮制后可得到味浓的鲜汤。

23. A。刀工是厨师的基本功，主要是对完整的原料进行分解切割，使之成为组配菜肴所需要的基本形体。

24. C。只有选择正确的刀具，才能保证烹饪原料成形后的规格和要求。

25. B。分解切割是对烹饪原料进行基本形体处理的第一步。

26. C。

27. D。

28. B。方头刀和圆头刀是行业中最常用的两种刀具。

29. C。按刀的用途分类，是行业中经常使用的刀具分类方法之一。

30. C。

31. B。细磨石和细油石颗粒细腻、质地坚实，能将刀磨快而不伤刀刃，主要用于磨快开刃的刀具。磨刀棒主要用于刀具操作过程中临时的增快磨制。

32. B。剁刀和斧形刀刀身厚重并且主要用于斩剁，需要翘磨；批刀刀身平薄主要用于批、片，需要平磨使其薄而锋利；大方刀一刀多能，适用于前批、后剁、中间切，针对不同的部分采用不同的磨刀方法，一般采用平翘结合磨。

33. C。翘磨主要适用于刀身厚重并且主要用于斩剁的道具，如斧形刀。

34. D。大方刀、小方刀一刀多能，适用于前批、后剁、中间切，一般采用平翘结合磨。

35. A。锋利刀具两面平滑，无卷口和毛锋现象。圆锋则指用而不磨，膛刀过多，刀圆厚，久磨不锋利。这些都不是刀具锋利合格的标准。

36. C。新菜墩用盐水浸泡后使木质紧缩致密，能有效地防止虫蛀及腐烂。

37. C。   38. B。   39. C。

40. B。鸭血是易碎的软嫩原料，常用平批刀法。面包适合于锯批刀法，生姜适合于推批刀法，猪肉适合于拉批刀法。

41. D。鸭血、豆腐干是易碎的软嫩原料，常用平批刀法；排骨常用锯批或斩剁刀法。

42. D。白菜、竹笋、榨菜是脆嫩性原料，常用推批刀法；鸡脯为韧性较强的动物性原料，常用拉批刀法。

43. A。猪腰、猪肝、瘦肉为韧性较强的动物性原料，通常用拉批刀法；面包为韧性较强、软烂易碎的原料，通常用锯批刀法。

44. B。

45. D。

46. B。面包适合于锯批刀法，生姜适合于推批刀法，猪肉适合于推切刀法。胡萝卜为脆嫩性植物原料，适合于直切刀法。

47. D。萝卜、土豆是脆嫩性植物原料，常用直切刀法；排骨常用斩剁刀法。

48. A。猪腰、猪肝、瘦肉为韧性较强的动物性原料，通常用推切刀法；羊膏为软烂易碎的原料，通常用锯切刀法。

49. D。萝卜、土豆是脆嫩性植物原料，常用直切刀法；排骨常用斩剁刀法。

50. B。

51. A。

52. D。"烩冬笋"的取块加工常用撬刀法，即刀刃嵌入原料约1/3，以刀身作为杠杆，拨开原料，料块表体有纤维的丝裂状，能提高原料对调味卤汁的吸附力。

53. D。软嫩原料最适宜平刀批，如扬州方干等。

54. A。

55. B。

56. C。绒线丝又称粗丝，收缩率大或容易碎的原料宜切此形，如牛肉、鱼肉等。

57. D。火柴梗子丝又称中细丝，收缩较小且具有一定韧性的原料宜切此形，多用于炒、拌、氽等。

58. A。大号规格的长方片料形适用于扒、蒸、烩菜肴的辅料料形。

59. B。中号规格的长方片料形常用于冷菜刀面料形。

60. C。小号规格的长方片料形常用于热菜配料。

61. D。根据题干中大号规格的描述应是片。

62. A。牛肉质地较老，切片时宜与纤维纹理逆向。

第三章 原料调配与预制加工

考 核 要 点

理论知识考核范围	考核要点	重要程度
菜肴组配	1. 菜肴组配的概念	掌握
	2. 菜肴的质的含义	掌握
	3. 菜肴的量的含义	掌握
	4. 菜肴的主料	熟悉
	5. 菜肴的辅料	熟悉
	6. 菜肴的调料	掌握
	7. 单一原料菜肴的组配	掌握
	8. 主辅料菜肴的组配	掌握
	9. 多种主料菜肴的组配	掌握
	10. 菜肴组配的意义	了解
	11. 餐具选用原则	了解
	12. 单一原料冷盘的概念	掌握
	13. 多种原料冷盘的概念	掌握
	14. 什锦排盘的概念	熟悉
	15. 冷菜装盘的卫生要求	掌握
着衣处理	1. 辅助性拍粉	掌握
	2. 风味性拍粉	掌握
	3. 拍粉、粘皮的要领	掌握
	4. 挂糊粉料的选择	熟悉
	5. 挂糊的主料选择	熟悉
	6. 水粉糊的调制	掌握
	7. 全蛋糊的调制	熟悉
调味处理	1. 调味工艺	掌握
	2. 调味过程	熟悉
	3. 调味对菜肴口味的影响	熟悉
	4. 调味对去除异味的作用	掌握
	5. 调味对菜肴色彩的影响	熟悉

续表

理论知识考核范围	考核要点	重要程度
调味处理	6. 调味对菜品质感的影响	熟悉
	7. 调味的目的和作用	掌握
	8. 调味方法的类型	熟悉
	9. 腌浸调味法的概念	熟悉
	10. 味型的分类体系	了解
	11. 味型的调配——咸鲜味	了解
	12. 味型的调配——酸甜味	了解
	13. 味型的调配——咸甜味	了解
	14. 味型的调配——咸香味	了解

重点复习提示

一、菜肴组配

1. 菜肴组配的概念

根据宴席档次和菜肴质量的要求，将各种加工成形的原料加以适当的配合，供烹调或直接食用的工艺过程称菜肴组配。简单地说，菜肴组配是指将各种加工成形的原料加以适当配合的工艺过程。

2. 菜肴的质的含义

菜肴的质，是指组成菜肴的各种原料总的营养成分和风味指标。

3. 菜肴的量的含义

菜肴的量，是指菜肴中各种原料的重量及其菜肴的重量。

各种菜肴都是由一定的质和量构成的。

4. 菜肴的主料

主料是指在菜肴中作为主要成分，占主导地位，起突出作用的原料。它所占的比重较大，通常为60%以上。

5. 菜肴的辅料

辅料又称配料，在菜肴中为从属原料，指配合、辅佐、衬托和点缀主料的原料，所占的比例通常在30%~40%以下。

6. 菜肴的调料

调料又称调味品、调味原料，它是用于刀工处理过程中调和食物口味的一类原料。调料的用量虽少但作用很大，其原因在于每一种调味品都含有区别于其他调味品的特殊成分。

7. 单一原料菜肴的组配

单一原料菜肴的组配是指菜肴中只有一种主料，没有配料，这种配菜对原料的要求特别高，必须比较新鲜，质地细嫩，口感较佳，如干烹大虾、清蒸鲥鱼、蚝油牛柳等。

8. 主辅料菜肴的组配

主辅料菜肴的组配是指菜肴中有主料和辅料，并按一定的比例构成。主辅料的比例一般为9∶1、8∶2、7∶3、6∶4等形式，在配菜时要注意配料不可喧宾夺主，以次充好。

9. 多种主料菜肴的组配

多种主料菜肴的组配是指菜肴中主料品种的数量为两种或两种以上，无任何辅料之别，每种主料的重量基本相同。为了方便菜肴的烹调加工，在配菜时应将各种主料分别放置在配菜盘中。

10. 菜肴组配的意义

(1) 确定菜肴的用料。

(2) 确定菜肴的营养价值。

(3) 确定菜肴的口味和烹调方法。

(4) 确定菜肴的色泽和造型。

11. 餐具选用原则

(1) 依菜肴的档次定餐具。

(2) 依菜肴的类别定餐具。

(3) 依菜肴的形状、色泽定餐具。

(4) 依菜肴的数量定餐具。

12. 单一原料冷盘的概念

单一原料冷盘是指冷菜大多数以一种原料组成一盘菜肴，有时可根据需要辅以适当的点缀。单一原料冷盘装盘有多种形式的造型，如馒头式、桥梁式、高桩式、三趟式、扇面式、几何图形式、花卉式、山水式、禽鸟式、蝴蝶式、鱼虾式、宫灯式等。

13. 多种原料冷盘的概念

多种原料冷盘是指以两种以上凉菜原料组成一盘菜肴，除花色冷盘外，主要用于拼盘和花色冷盘的围碟。此类冷盘的组配应注意原料在口味上应相似，形状上便于造型，数量上有一定的比例，色彩上五彩缤纷。

14. 什锦排盘的概念

什锦排盘的装盘是由10种左右冷菜原料构成，是多种冷菜原料组配的特例。多种冷菜原料经适当加工，可制成色彩艳丽、排列整齐、大小有度、刀工精细，并有一定高度的大冷盘。

15. 冷菜装盘的卫生要求

因为冷菜装盘后的菜品是直接食用的，所以制作冷菜时应特别注重卫生。

（1）对切配工具、环境、场所都应制定严格的卫生制度。

（2）操作人员应按要求，穿戴工作服、工作帽、口罩，保持环境卫生。

（3）要求刀、砧板、冰箱一定要生熟分开，切配操作必须在专门的"冷菜间"进行。

（4）所选原料均能食用。

（5）原料禁止使用有毒或不清洁的液体浸泡保鲜。

（6）尽量减少原料与手直接接触的机会，提倡使用工具取拿原料。

二、着衣处理

1. 辅助性拍粉

辅助性拍粉是指先拍粉后挂糊，即在原料表面先拍上一层干淀粉，然后再挂糊油炸或油煎。辅助性拍粉主要用于一些水分含量较多、外表比较光滑的原料。

2. 风味性拍粉

风味性拍粉是拍粉工艺主要的内容，拍粉后经炸制或油煎直接成菜，形成拍粉菜品独特的松、香风味。其方法是先在原料外表上浆或挂上一层薄糊，使原料外表水分较多，然后粘附各种粉料。风味性拍粉适应于大片形或筒形原料，如面包猪排、芝麻鱼卷等。

3. 拍粉、粘皮的要领

（1）粉料必须干燥。

（2）一定要将粉料按实。

（3）拍粉后的原料不宜放置太长的时间。

4. 挂糊粉料的选择

挂糊粉料一般以面粉、米粉、淀粉为主，选择时粉料一定要干燥，否则调糊时会出现颗粒，不能均匀地包裹在原料表面。

5. 挂糊的主料选择

挂糊的主料选择范围较广，除动物性肌肉原料外，还可选择蔬菜、水果等；在料形上除切割成小形的原料外，也可选用形体较大或整只的动物原料。

6. 水粉糊的调制

水粉糊主要是用淀粉和水调配而成，淀粉55%，水45%。

其操作程序是：直接将水与淀粉混合，调制均匀，融为一体。

水粉糊主要用于干炸、脆溜等菜品的挂糊，水粉糊烹制的菜品具有干酥香脆、外焦里嫩、色泽金黄的特点。

7. 全蛋糊的调制

全蛋糊就是将整只鸡蛋与面粉、淀粉、水一起调制而成的糊，调制时应先将水与淀粉、面粉调制均匀，然后再将鸡蛋放入调匀，使之溶为一体。全蛋糊的原料配比是：面粉25％、淀粉25％、鸡蛋15％、水35％。

三、调味处理

1. 调味工艺

在菜肴制作的全过程中，适时、适量地添加调味料，以引起人们的味觉、嗅觉、触觉、视觉等器官以味觉为中心的各种美感，这一操作技术称为调味工艺。

2. 调味过程

在菜肴制作的全过程中，根据风味菜品的规格标准要求，将原料按配方比例和工艺程序进行投放与调和，使调料与主料互相影响，互相渗透，从而达到菜品的预定味道，这就是调味过程。

3. 调味对菜肴口味的影响

菜肴的口味主要是通过调味工艺实现的，虽然其他工艺流程对口味有一定的影响，但调味工艺起决定性作用。各种调味原料在运用调味工艺进行合理组合和搭配之后，可以形成多种多样的风味特色。

4. 调味对去除异味的作用

去除异味是指在制作菜品的全过程中，用调味手段，配合其他烹调工艺，除去菜品不良的味道。

在烹调时，加入较重的香辣调料，使调料的气味浓郁而突出，将部分腥异味掩盖了，可以缓冲和减轻肉类各种异味的味觉，但此法主要适用于异味较轻或经过除味加工的原料。

在预煮或烹调过程中加入各种香辛调味料，利用挥发作用除去原料中的异味。如料酒中含有乙醇、酯类等成分，特别是乙醇可以促进异味的挥发，同时还能与有异味的酸在加热时形成香气的酯类；食醋中的酸还可以与肉类中一些异味的成分结合，使它们形成不易挥发的成分，从而抑制肉类原料散发出腥膻气味；在烹调鱼时，加入醋与酒，可以中和鱼腥味中呈碱性的成分，从而减轻腥味。

5. 调味对菜肴色彩的影响

菜肴呈现的各种色泽主要来源于原料中固有的天然色素，其次就是调料和人工色素形成的色泽。其中调料着色来自于两个方面：一是调味品本身的色泽与原料相吸附而形成的，另一个是调味品与原料相结合后发生的色彩变化反应所形成的。

6. 调味对菜品质感的影响

运用调味工艺可以改善和调节菜品质感风味。质感的变化与调味料加入的时机有关系。腌渍鱼肉的质地与用盐腌渍时间成正比，腌渍时间短，可以保持鱼肉的嫩度；如果时间稍长，肉质就会变老。

粤式清蒸鱼非常注重质感，加热前不投放咸味调料，蒸制时间掌握得非常准确。

7. 调味的目的和作用

(1) 确定和丰富菜肴的口味。

(2) 去除异味。

(3) 增强食疗保健作用。

(4) 丰富菜品的色彩。

(5) 调节菜品的质感。

8. 调味方法的类型

(1) 腌浸调味法。

(2) 热传质调味法。

(3) 烟熏调味法。

(4) 包裹调味法。

(5) 浇汁调味法。

(6) 粘撒调味法。

(7) 跟碟调味法。

9. 腌浸调味法的概念

腌浸调味法主要是利用渗透原理，使调味料与原料相结合，根据使用的调味品种不同可分盐腌法、醋渍法和糖浸法。

10. 味型的分类体系

味 ┬ 单一味：酸、甜、苦、咸、鲜
　　│
　　│　　　　　┬ 咸鲜味型：白汁味、红汁味、麻酱味、卤香味、蟹肉味、虾子味
　　│　　　　　│
　　│　　　　　├ 咸甜味型：红烧味、腐乳味、酒酿味、瓜姜味、冰糖烧味
　　│　　　　　│
　　└ 复合味 ┼ 咸香味型：花椒盐味、胡椒盐味、韭菜酱味、孜然盐味
　　　　　　　│
　　　　　　　├ 酸甜味：糖醋味、山楂味、橙汁味、茄汁味、葡汁味、桔汁味
　　　　　　　│
　　　　　　　├ 甜香味：纯香味、桂花糖味、蜜饯味、薄荷味、麻糖味
　　　　　　　│
　　　　　　　├ 咸辣味型：麻辣味、怪味、家常味
　　　　　　　│
　　　　　　　└ 酸辣味：醋椒味、泡椒味

11. 味型的调配——咸鲜味

咸鲜味是中国烹饪中最常见、最基本的味型之一，适用区域和选料都十分广泛，不受季节、地区、年龄的限制。许多高档菜肴都是运用咸鲜味调配的。

食盐与味精在调配时要合理掌握其配比关系，一般谷氨酸钠的添加量与食盐的添加量成反比。

12. 味型的调配——酸甜味

酸甜味是复合味型中非常典型的味型之一，它一直深受人们喜爱。酸甜味因地区不同、人们的口味习惯不一样，而甜酸的程度和比例各异。

酸甜味在烹饪中的应用相当广泛，它既可作为炒菜、滑熘菜、炸熘菜以及凉菜卤汁的味型，也可作为煎炸菜、烧烤菜的佐味调料。

盐在甜酸味中起底味作用，目的是保证上菜有一个基本的口味。葱、姜、蒜在酸甜味中的作用主要是去腥、增香、提鲜，同时还可以使诸味更加柔和协调。

甜味和酸味相互融合后，其味觉有相减的现象。

13. 味型的调配——咸甜味

咸甜味在我国南方地区使用十分普遍，特别是运用酱油作为咸味剂的菜品，经常以咸甜味的形式出现。例如江浙名菜"扒烧猪头""东坡肉""红烧划水"等都是典型的咸甜味型的菜例。

咸甜味在实际调配过程中一定要掌握好层次和主次，一般菜品并不是咸甜并重的，而是以咸味为主，甜味为辅，所以调味时要控制好咸甜原料的使用比例，突出主次关系。

对于红烧、卤酱的菜品来说，由于先投入咸味，使咸味渗透到原料内部，使原料入味，而后加入甜味，使卤汁稠浓，所以品尝时一般先感觉甜味后感觉咸味，即所谓"甜上口，咸收口"。

北方地区虽有咸甜味，但咸味占的比重很大，甜味占的比重很小，有时是放糖但不觉甜味。

14. 味型的调配——咸香味

咸香味型是以呈咸味的盐为主要调料，掺入各种香辛调料混合而成的复合调料进行调和后的味型，行业中称为"调味盐"，如"花椒盐""胡椒盐""孜然盐"等。在烹饪中主要用于煎炸一类菜品的补充调味。其作用是弥补炸煎的口味不足，同时改善和丰富煎炸的香味特色。

花椒盐中花椒末与盐的比例是1∶4，孜然盐中孜然粉与盐的比例是1∶6。

辅导练习题

一、判断题（下列判断正确的请在括号内打"√"，错误的请在括号内打"×"）

1. 根据宴席档次的要求，将各种加工成形的原料加以适当的配合，供烹调或直接食用的工艺过程称为菜肴组配。（　　）

2. 根据宴席档次和烹调方法的要求，将各种加工成形的原料加以适当的配合，供烹调或直接食用的工艺过程称为菜肴组配。（　　）

3. 菜肴的质，是指组成菜肴的各种原料总的营养成分和风味指标。（　　）

4. 菜肴的量，是指组成菜肴的各种原料总的营养成分和风味指标。（　　）

5. 菜肴的量，是指菜肴中各种原料的重量及其菜肴的重量。（　　）

6. 菜肴的质，是指菜肴中各种原料的重量及其菜肴的重量。（　　）

7. 主料是指在菜肴中作为主要成分，占主导地位，起突出作用的原料。（　　）

8. 主料是指在菜肴中作为主要成分，它所占的比重通常为50%以上。（　　）

9. 辅料是指在菜肴中作为主要成分，占主导地位，起突出作用的原料。（　　）

10. 辅料在菜肴中所占的比例通常在30%～40%以上。（　　）

11. 调料又称调味品、调味原料，它是用于刀工处理中调和食物口味的一类原料。（　　）

12. 调料又称调味品、调味原料，它是用于烹调过程中调和食物口味的一类原料。（　　）

13. 调料的用量少，因此作用不大。（　　）

14. 单一原料菜肴的组配即菜肴中只有一种主料和一种配料。（　　）

15. 单一原料菜肴的组配即菜肴中只有一种主料，对原料的要求不太高。（　　）

16. 单一原料菜肴对原料的要求高，原料比较新鲜，质地细嫩，口感较佳，如油焖大虾、蚝油牛柳、木须肉、清蒸鲫鱼等。（　　）

17. 主辅料菜肴的组配是指菜肴中有主料和辅料，并按一定的比例构成。主辅料的比例一般为9:1、8:2、7:3、6:4等形式，在主辅料的配菜时要注意配料不可喧宾夺主、以次充好。（　　）

18. 主辅料菜肴在组配时，主辅料的比例一般为9:1、8:2、7:3、5:5等形式。（　　）

19. 主辅料菜肴在组配时，主辅料的比例必须为7:3。（　　）

20. 多种主料菜肴的组配是指菜肴中主料品种的数量为两种或两种以上，无任何辅料之

别，每种主料的重量基本相同。( )

21. 多种主料菜肴在组配时，每种主料的重量不同。( )

22. 为了方便多种主料菜肴的烹调加工，在配菜时应将各种主料放在同一配菜盘中。( )

23. 确定菜肴的用料是菜肴组配的意义之一。( )

24. 确定菜肴的食用价值是菜肴组配的意义之一。( )

25. 冷菜制作的意义包括：确定菜肴的用料，确定菜肴的营养价值，确定菜肴的口味和烹调方法，确定菜肴的色泽和造型。( )

26. 确定菜肴的口味和食用方法是菜肴组配的意义之一。( )

27. 餐具选用原则：①依菜肴的档次定餐具；②依菜肴的类别定餐具；③依菜肴的形状、色泽定餐具；④依菜肴的数量定餐具。( )

28. 在选用餐具时，一般菜点的容量占餐具的70%为宜。( )

29. 餐具选用原则之一是：依菜肴的荤素定餐具。( )

30. 爆、炒、炸、煎类菜品零点时一般选用12寸圆盘或14寸腰盘，筵席一般选用9～12寸圆盘或16寸腰盘。( )

31. 烧、烩、蒸、扒类菜品零点时一般选用12寸圆盘或14寸腰盘，筵席一般选用14～16寸圆盘或18寸腰盘。( )

32. 无论选用何种餐具，都不可使用残缺破损的餐具。( )

33. 单一原料冷盘是指冷菜大多数以一种原料组成一盘菜肴，不需要点缀。( )

34. 单一原料冷盘是指冷菜大多数以一种原料组成多盘菜肴，有时可根据需要辅以适当的点缀。( )

35. 单一原料冷盘是指冷菜大多数以一种原料组成一盘菜肴，其装盘形式单一。( )

36. 多种原料冷盘是指以两种以上凉菜原料组成一盘菜肴，除花色冷盘外，主要用于拼盘和花色冷盘的围碟。( )

37. 多种原料冷盘是指以三种以上凉菜原料组成一盘菜肴。( )

38. 多种原料冷盘主要用于拼盘和花色冷盘及围碟。( )

39. 多种原料冷盘是指以两种以上凉菜原料组成一桌冷菜。( )

40. 什锦排盘的装盘是由6种左右冷菜原料构成的，是多种冷菜原料组配的特例。( )

41. 什锦排盘的装盘是多种冷菜原料经适当加工，可制成色彩艳丽、排列整齐、大小有度、刀工精细，并有一定艺术价值的象形拼盘。( )

42. 冷菜装盘时要求尽量减少原料与手直接接触的机会，提倡使用工具取拿原料。
（　　）
43. 冷菜装盘时，原料可以使用添加剂的液体浸泡保鲜，数量不受限制。（　　）
44. 冷菜装盘时要求操作人员应按要求穿戴工作服、工作帽和口罩。（　　）
45. 主料及各种配料应按比例配好放入一个容器中，方便烹饪操作，提高烹调速度。
（　　）
46. 色泽比较暗淡、不够醒目的冷盘均应摆放点缀。（　　）
47. 盘面刀工整齐、形态较美观的冷盘，点缀摆放在上面为宜。（　　）
48. 盘面刀工不整齐、形态不美观的冷盘，点缀摆放在盘边为宜。（　　）
49. 点缀品的大小、色彩应与冷盘的样式协调相符。（　　）
50. 辅助性拍粉是指在原料表面直接挂糊油炸或油煎。（　　）
51. 辅助性拍粉是在原料表面先拍上一层干淀粉后，然后油炸或油煎。（　　）
52. 辅助性拍粉是指先腌渍后拍粉，即在原料中放入调味料后再拍上一层干淀粉，然后进行油炸或油煎后食用。（　　）
53. 风味性拍粉是拍粉工艺主要的内容，拍粉后经炸制或油煎直接成菜，形成拍粉菜品独特的松、香风味。（　　）
54. 风味性拍粉是先在原料外表喷上清水，使原料外表水分较多，然后粘附各种粉料。
（　　）
55. 拍粉、粘皮的要领包括：粉料必须干燥，一定要将粉料按实，拍粉后的原料不宜放置太长的时间。（　　）
56. 为了提高工作效率，炸素脆鳝时，可以一次性拍好粉，然后再一起炸制。（　　）
57. 拍粉或粘皮时，粉料一定要轻按。（　　）
58. 拍粉后的原料应该尽量长时间放置后，再做下一步处理。（　　）
59. 挂糊的粉料一般以面粉、米粉、淀粉为主，选择时粉料一定要干燥，否则调糊时会出现颗粒，不能均匀地包裹在原料的表面。（　　）
60. 挂糊的粉料一般以面粉为主。（　　）
61. 选择挂糊的粉料时一定要半干，否则调糊时会出现颗粒，不能均匀地包裹在原料的表面。（　　）
62. 挂糊的粉料必须是淀粉。（　　）
63. 挂糊的主料选择只能为动物性肌肉原料。（　　）
64. 挂糊的主料在料形上只可选择切割成小形的原料。（　　）
65. 调糊时，粉一定要调开，不能带有颗粒。（　　）

66. 挂糊时，糊不一定将原料包裹充分，只要能获得菜肴相应的口感即可。（　　）
67. 为了提高成菜速度，挂糊后的原料应一次性下锅。（　　）
68. 淀粉在使用前应提早浸泡在水中，使淀粉粒充分吸水膨胀，以获得较高的黏度。
（　　）
69. 为了获得较嫩的口感，烹饪原料上浆前要加水。（　　）
70. 在调蛋清浆时，为了增加黏稠度，应用力搅打蛋清。（　　）
71. 拍粉时要防止蛋液滴入粉料中，使粉料结成颗粒，影响拍粉的效果。（　　）
72. 水粉糊调制的操作程序是：直接将水与淀粉混合，调制均匀，融为一体。（　　）
73. 水粉糊主要是由淀粉和水调配而成，淀粉占70%，水占30%。（　　）
74. 水粉糊主要是由面粉和水调配而成。其操作程序是：直接将水与面粉混合，调制均匀，融为一体。（　　）
75. 全蛋糊的原料配比是：面粉30%、淀粉30%、鸡蛋15%、水25%。（　　）
76. 调制全蛋糊时，应先将鸡蛋、水调制均匀，然后再将淀粉、面粉放入调匀，使之融为一体。（　　）
77. 调制全蛋糊时，应先将淀粉、面粉与鸡蛋一起调制后再放入清水调匀，使之融为一体。（　　）
78. 在菜肴制作的全过程中，适时、适量地添加调味料，以引起人们的味觉、嗅觉、触觉、视觉等器官以味觉为中心的各种美感，这一操作技术称为调味工艺。（　　）
79. 在菜肴制作的全过程中，根据风味菜品的规格标准要求，将主料按配方比例和工艺程序进行投放与调和，使调料与辅料互相影响、互相渗透，从而达到菜品的预定味道，这就是调味的过程。（　　）
80. 菜肴的口味主要是通过调味工艺实现的，虽然其他工艺流程对口味有一定的影响，但调味工艺起决定性作用。（　　）
81. 菜肴的色泽主要是通过调味工艺实现的。（　　）
82. 去除异味是指在菜品腌渍过程中，用调味手段，配合其他烹调工艺，除去菜品不良的味道。（　　）
83. 菜肴呈现的各种色泽主要来源于原料中固有的天然色素，其次就是糖色和人工色素形成的色泽。（　　）
84. 原料着色来自于两个方面，一是糖色与原料相吸附而形成的；二是调味品与原料相结合后发生的色彩变化反应所形成的。（　　）
85. 菜肴呈现的各种色泽，主要是调料和人工色素形成的色泽。（　　）
86. 鱼肉腌渍时间短，可保持鱼肉的嫩度。（　　）

87. 粤式清蒸鱼非常注重质感，加热前一定要投放咸味调料。（   ）
88. 调味的目的与作用：①确定和丰富菜肴的口味；②去除异味；③增强食疗保健作用；④丰富菜品的色彩；⑤调节菜品的质感。（   ）
89. 为了使鱼圆达到理想的质感，在调制鱼蓉胶时应先加盐，后加水调制。（   ）
90. 在烹调时添加酸味调味品可以调节菜肴的质感。（   ）
91. 腌浸调味法主要是利用渗透原理，使调味料与原料相结合。（   ）
92. 腌浸调味法根据使用的调味品种不同可分为醋渍法和糖浸法。（   ）
93. 调味方法有：①腌浸调味法；②热传质调味法；③烟熏调味法；④包裹调味法；⑤浇汁调味法；⑥跟碟调味法。（   ）
94. 单一味包括酸、甜、苦、咸、鲜、辣、涩。（   ）
95. 咸鲜味是中国烹饪中最常见、最基本的味型之一，适用区域和选料都十分广泛，不受季节、地区、年龄的限制。（   ）
96. 食盐与味精在调配时要合理掌握其配比关系，一般谷氨酸钠的添加量与食盐的添加量成反比。（   ）
97. 咸鲜味适用区域和选料都十分广泛，不受季节、地区、年龄的限制，许多风味菜肴都是运用咸鲜味调配的。（   ）
98. 当甜味和酸味相互融合后，其味觉有相加的现象。（   ）
99. 盐在甜酸味中起底味作用，目的是保证上菜有一个基本的口味。（   ）
100. 葱、姜、蒜在甜酸味中主要起到去腥的作用，同时还可以使诸味更加柔和协调。（   ）
101. 咸甜味在实际调配过程中，一定要掌握好层次和主次，一般菜品并不是咸甜并重的，而是以咸味为主，甜味为辅，所以调味时要控制好咸甜原料的使用比例，突出主次关系。（   ）
102. 对于红烧、卤酱的菜品来说，由于先投入咸味，使咸味渗透到原料内部，使原料入味，而后加入甜味，使卤汁稠浓，所以品尝时一般先感觉甜味后感觉咸味，即所谓"咸上口，甜收口"。（   ）
103. 爆炒类菜品，由于调味品投放的顺序是同时的，所以品尝时先感觉咸味后感觉甜味，行业中所谓"咸上口，甜收口"。（   ）
104. 花椒盐中花椒末与盐一般按1∶4的比例配制。（   ）
105. 咸香味型的作用是弥补炸煎的口味不足，但不能改善和丰富煎炸的香味特色。（   ）
106. 胡椒盐由胡椒、精盐、味精调制而成，其中胡椒与盐的比例是1∶8。（   ）

107. 花椒盐的加工费时费力,一般情况下多采用一次性加工、密封、分次使用的方式。
（ ）

二、单项选择题（下列每题有4个选项,其中只有1个是正确的,请将其代号填写在横线空白处）

1. 根据宴席档次和菜肴质量的要求,将各种加工成形的原料加以适当的配合,供烹调或直接食用的工艺过程称_____。
   A. 烹调组配　　　　　　　　B. 菜肴组配
   C. 原料组配　　　　　　　　D. 冷菜拼摆

2. 简单地说,_____是指将各种加工成形的原料加以适当的配合的工艺过程。
   A. 初步加工　　　　　　　　B. 菜肴组配
   C. 冷菜拼摆　　　　　　　　D. 烹调工艺

3. _____是指组成菜肴的各种原料总的营养成分和风味指标。
   A. 菜肴的量　　　　　　　　B. 菜肴的质
   C. 菜肴的营养　　　　　　　D. 菜肴的风味

4. 菜肴的质,是指组成菜肴的_____和风味指标。
   A. 各种原料总的营养成分　　B. 各种原料的总和
   C. 不同原料的数量　　　　　D. 原料种类

5. 菜肴的质,是指组成菜肴的各种原料总的营养成分和_____。
   A. 口味特点　　　　　　　　B. 菜肴质感
   C. 风味指标　　　　　　　　D. 外观形态

6. _____是指菜肴中各种原料的重量及其菜肴的重量。
   A. 菜肴的质　　　　　　　　B. 菜肴的成本
   C. 菜肴的组成　　　　　　　D. 菜肴的量

7. 菜肴是由一定的_____构成的。
   A. 主料、配料　　　　　　　B. 冷、热菜品
   C. 质和量　　　　　　　　　D. 整套宴席菜品

8. 主料是指在菜肴中_____,占主导地位,起突出作用的原料。
   A. 作为主形成分　　　　　　B. 作为主色成分
   C. 作为主要成分　　　　　　D. 作为主味成分

9. 主料是指在菜肴中作为主要成分,它所占的比重通常为_____以上。
   A. 50%　　　　　　　　　　B. 60%
   C. 66%　　　　　　　　　　D. 80%

10. 主料是指在菜肴中作为主要成分，_____的原料。
    A. 起一定作用 B. 名实相符
    C. 占领导地位 D. 占主导地位，起突出作用

11. _____又称"配料"。
    A. 主料 B. 辅料
    C. 调料 D. 装饰料

12. 辅料是指配合、辅佐、衬托和点缀_____的原料。
    A. 菜肴 B. 冷菜
    C. 调料 D. 主料

13. 辅料在菜肴中的比例通常为_____。
    A. 10%～20% B. 20%～30%
    C. 30%～40% D. 40%～50%

14. 辅料又称"配料"，是在菜肴中_____和点缀主料的原料。
    A. 配合 B. 衬托
    C. 主要配合 D. 配合、辅佐、衬托

15. 调料又称_____。
    A. 调味品、调味原料 B. 调味香料
    C. 固体调料、液体调料 D. 动物调料、植物调料

16. 调料是用于烹调过程中_____的一类原料。
    A. 调重食物口味 B. 调和食物口味
    C. 补充食物口味 D. 平衡食物口味

17. 调料又称调味品、调味原料，它_____。
    A. 用量大作用却小 B. 用量大作用也大
    C. 用量少作用也相对较小 D. 用量少但作用很大

18. 嫩肉粉、发酵粉等用量虽少但作用很大，其原因在于每一种调味品都含有区别于其他调味品的_____。
    A. 特殊成分 B. 颜色
    C. 性状 D. 口味

19. 调料是用于_____调和食物口味的一类原料。
    A. 随时随地 B. 刀工处理后
    C. 刀工处理时 D. 烹调过程中

20. 单一原料菜肴的组配是指菜肴中_____。

A. 有一种主料和一种配料　　　　　B. 只有一种主料，没有配料

C. 有一种主料和多种配料　　　　　D. 有一种主料或配料

21. 单一原料菜肴的组配即菜肴中只有一种主料，没有配料，这种配菜方式对_____的要求特别高。

A. 调料质量　　　　　　　　　　B. 辅料质量

C. 原料质量　　　　　　　　　　D. 刀工质量

22. 单一原料菜肴的组配即菜肴中只有一种主料，没有配料，这种配菜对原料的要求特别高，必须_____，口感较佳。

A. 味美　　　　　　　　　　　　B. 质地细腻

C. 新鲜　　　　　　　　　　　　D. 新鲜，质地细嫩

23. 下列选项中属于单一原料菜肴的是_____。

A. 木须肉、干烹大虾　　　　　　B. 清蒸鲥鱼、蚝油牛柳

C. 冬笋肉丝、干烹大虾　　　　　D. 木须肉、清蒸鲥鱼

24. 主辅料菜肴的组配是指菜肴中_____，并按一定的比例构成。

A. 有动物性和植物性原料　　　　B. 有主料和辅料

C. 有干货原料和新鲜原料　　　　D. 原料搭配各半

25. 主辅料菜肴的组配是按一定的比例构成的，主辅料的比例一般为_____。

A. 7∶3　　　　　　　　　　　　B. 6∶4

C. 9∶1、8∶2、7∶3、6∶4　　　D. 8∶2

26. 主辅料菜肴的组配在主辅料配菜时要注意_____。

A. 配料不可喧宾夺主，以次充好　B. 主料要多于辅料且形状要比辅料小

C. 不同原料的色泽和形状要一致　D. 不同原料的色泽和质地要一致

27. 主辅料菜肴的组配是指菜肴中有主料和辅料，其中主料一般为动物性原料，辅料_____。

A. 一般比主料小　　　　　　　　B. 一般为荤素搭配

C. 可以是不同色泽但形状要一致　D. 一般为植物性原料

28. 多种主料菜肴的组配是指菜肴中主料品种的数量为两种或两种以上，无任何辅料之别，每种主料的_____。

A. 颜色不同　　　　　　　　　　B. 质感基本相同

C. 重量基本相同　　　　　　　　D. 形状一致

29. 为了方便菜肴的烹调加工，多种主料菜肴的组配在配菜时应将各种主料_____。

A. 充分拌匀后放在同一个配菜盘中　B. 混放在不同的配菜盘中

C. 混放在同一配菜盘中　　　　　　D. 分别放置在不同的配菜盘中

30. 多种主料菜肴在组配时为了方便菜肴的_____，在配菜时应将各种主料分别放置在配菜盘中。

　　A. 装盘　　　　　　　　　　　　B. 刀工处理
　　C. 上屉蒸制　　　　　　　　　　D. 烹调加工

31. 菜肴组配的形式，按原料的性质可以分为_____。

　　A. 冷菜和热菜　　　　　　　　　B. 风味菜和花式菜
　　C. 荤菜和素菜　　　　　　　　　D. 炒菜、烧菜和汤菜等

32. 菜肴组配的形式，按菜肴的形式分可以分为_____。

　　A. 冷菜和热菜　　　　　　　　　B. 风味菜和花式菜
　　C. 荤菜和素菜　　　　　　　　　D. 炒菜、烧菜和汤菜等

33. 菜肴组配的形式，按食用温度分可以分为_____。

　　A. 冷菜和热菜　　　　　　　　　B. 风味菜和花式菜
　　C. 荤菜和素菜　　　　　　　　　D. 炒菜、烧菜和汤菜等

34. 菜肴组配的形式，按烹制方法分可以分为_____。

　　A. 冷菜和热菜　　　　　　　　　B. 风味菜和花式菜
　　C. 荤菜和素菜　　　　　　　　　D. 炒菜、烧菜和汤菜等

35. 热菜组配又常见有单一原料菜肴的组配、主辅料菜肴的组配、_____ 3种形式。

　　A. 多种主料菜肴的组配　　　　　B. 多种辅料菜肴的组配
　　C. 单一调料菜肴的组配　　　　　D. 单一辅料菜肴的组配

36. 菜肴组配的意义包括：①_____；②确定菜肴的营养价值；③确定菜肴的口味和烹调方法；④确定菜肴的色泽和造型。

　　A. 确定菜肴的品质　　　　　　　B. 确定菜肴的用料
　　C. 确定菜肴的品种　　　　　　　D. 确定菜肴的质地

37. 餐具选用原则包括：①依菜肴的档次定餐具；②依菜肴的类别定餐具；③_____；④依菜肴的数量定餐具。

　　A. 依菜肴的口味定餐具　　　　　B. 依菜肴的形状、色泽定餐具
　　C. 依菜肴的色泽定餐具　　　　　D. 依菜肴的形状定餐具

38. 选用餐具时，一般菜点的容量占餐具的_____为宜。

　　A. 80%～90%　　　　　　　　　　B. 60%
　　C. 50%～70%　　　　　　　　　　D. 80%以下

39. 选用餐具时，一般菜点的容量占餐具的80%～90%为宜，_____。

A. 过多不好 B. 多则满、少则欠

C. 过少不好 D. 多一点也没关系

40. 单一原料冷盘是指冷菜大多数以_____组成一盘菜肴。

A. 一种主料和一种辅料 B. 一种原料

C. 一种主料和配料 D. 一种形状原料

41. 单一原料冷盘的装盘有_____。

A. 车轮形和花鸟形 B. 什锦盘式和过桥式

C. 一种形式的造型 D. 多种形式的造型

42. 下列属于单一原料冷盘装盘造型形式的是_____。

A. 什锦盘式、花卉式 B. 双拼式、过桥式

C. 桥梁式、高桩式 D. 三拼式、山水式

43. 多种原料冷盘主要用于_____。

A. 围碟 B. 拼盘

C. 独碟 D. 拼盘和花色冷盘的围碟

44. 多种原料冷盘是指以两种以上凉菜原料组成一盘菜肴，除_____外，主要用于拼盘和花色冷盘的围碟。

A. 独碟 B. 花色冷盘

C. 什锦拼盘 D. 小拼盘

45. 多种原料冷盘中，各种原料数量要有一定的比例，色彩要求_____。

A. 红绿相间 B. 暖色为主

C. 五彩缤纷 D. 不可靠色

46. 什锦排盘的装盘由_____左右冷菜原料构成。

A. 10 种 B. 6 种

C. 4 种 D. 8 种

47. 什锦排盘的装盘是由 10 种左右冷菜原料构成，多种冷菜原料经适当加工，可制成_____、大小有度、刀工精细，并有一定高度的大冷盘。

A. 色彩艳丽、形象逼真 B. 排列整齐、栩栩如生

C. 色彩艳丽、排列整齐 D. 色彩艳丽、栩栩如生

48. _____是冷菜制作的基本要求。

A. 安全卫生 B. 卫生

C. 新鲜 D. 生熟分开

49. 冷菜原料禁止使用_____浸泡保鲜。

A. 有毒或不清洁液体　　　　B. 保鲜剂

C. 凉开水　　　　　　　　　D. 有毒液体

50. 原料组配的具体数量应根据菜肴价格、_____等原因，进行全面平衡，做到能使客人吃得好、吃得饱。

A. 原料季节　　　　　　　　B. 毛利率大小

C. 客人喜好　　　　　　　　D. 饮食禁忌

51. 热黏度高、稳定性和透明度均好的淀粉是_____。

A. 绿豆淀粉　　　　　　　　B. 小麦淀粉

C. 玉米淀粉　　　　　　　　D. 甘薯淀粉

52. 下列糊化温度最高的淀粉是_____。

A. 马铃薯淀粉　　　　　　　B. 小麦淀粉

C. 玉米淀粉　　　　　　　　D. 甘薯淀粉

53. 下列最适合挂糊上浆的淀粉是_____。

A. 马铃薯淀粉　　　　　　　B. 小麦淀粉

C. 玉米淀粉　　　　　　　　D. 甘薯淀粉

54. 下列最适合勾芡的淀粉是_____。

A. 糯米淀粉　　　　　　　　B. 小麦淀粉

C. 玉米淀粉　　　　　　　　D. 甘薯淀粉

55. 辅助性拍粉是指_____。

A. 先挂糊后拍粉　　　　　　B. 先拍粉后挂糊

C. 先拍粉后上浆　　　　　　D. 先上浆后拍粉

56. 辅助性拍粉是在原料表面先_____，然后再挂糊油炸或油煎。

A. 拍上一层面包屑　　　　　B. 撒上一些调味料

C. 拍上一层干淀粉　　　　　D. 撒上一层鸡蛋液

57. 辅助性拍粉主要用于一些_____。

A. 动物性原料

B. 植物性原料

C. 水分含量较少、外表比较光滑的原料

D. 水分含量较多、外表比较光滑的原料

58. 辅助性拍粉即在原料表面先拍上一层干淀粉，然后_____油炸或油煎。

A. 再挂糊　　　　　　　　　B. 再上浆

C. 直接　　　　　　　　　　D. 拖蛋液

59. 风味性拍粉在拍粉后_____。

　　A. 经蒸或煮后食用　　　　　　　B. 经炸制后再溜或炒

　　C. 经炸制或油煎直接成菜　　　　D. 经炸制或煎炒

60. 风味性拍粉能够形成拍粉菜品独特的_____风味。

　　A. 松、软　　　　　　　　　　　B. 松、香

　　C. 嫩、滑　　　　　　　　　　　D. 鲜、嫩

61. 风味性拍粉是先在原料外表上浆或挂上一层薄糊，使原料外表水分较多，然后粘附_____。

　　A. 各种粉料　　　　　　　　　　B. 芝麻

　　C. 面包屑　　　　　　　　　　　D. 馒头粒

62. 风味性拍粉适用于_____原料。

　　A. 大片形或筒形　　　　　　　　B. 小型

　　C. 整条的鱼扇　　　　　　　　　D. 片、条形

63. 不需上浆或挂糊，拍粉后直接炸制或油煎成菜的是_____。

　　A. 菊花鱼　　　　　　　　　　　B. 雪丽鱼条

　　C. 脆皮鱼条　　　　　　　　　　D. 软炸鱼条

64. 拍粉、粘皮的要领是：①_____；②一定要将粉料按实；③拍粉后的原料不宜放置太长的时间。

　　A. 粉料必须半干　　　　　　　　B. 粉料必须干燥

　　C. 必须使用绿豆淀粉　　　　　　D. 必须使用生粉

65. 拍粉、粘皮时_____，防止粉料在烹制时脱落。

　　A. 粉料要厚一些　　　　　　　　B. 粉料要薄一些

　　C. 一定要将粉料按实　　　　　　D. 应将粉料拍松些

66. 拍粉、粘皮时应注意：_____。

　　A. 拍粉后放置 15 min 再炸　　　 B. 拍粉后放置 30 min 再炸

　　C. 拍粉后放置 1 小时再炸　　　　D. 现拍现炸

67. 拍粉、粘皮时，如果_____，则会影响菜品的香味和脆度。

　　A. 糊浆浓度稀　　　　　　　　　B. 粉料潮湿

　　C. 原料含水多　　　　　　　　　D. 现拍现炸

68. 拍粉、粘皮应注意：粉料潮湿_____，将导致粉料不能均匀地包裹在原料表面。

　　A. 容易变稀　　　　　　　　　　B. 容易粘料

　　C. 容易结团　　　　　　　　　　D. 容易成浆

69. 挂糊的粉料_____。
   A. 一般以豆粉、生粉、淀粉为主
   B. 一般以面粉、米粉、淀粉为主
   C. 必须是淀粉
   D. 必须是面粉

70. 挂糊的粉料选择时_____。
   A. 一定要洁白
   B. 一定要量大
   C. 一定要干燥
   D. 一定要潮湿

71. 挂糊的粉料在选择时一定要干燥，否则_____。
   A. 影响糊的质感
   B. 影响糊的口味
   C. 调糊时会出现稀糊现象，不能均匀地包裹在原料表面
   D. 调糊时会出现颗粒，不能均匀地包裹在原料表面

72. 在选择挂糊的粉料时，要根据_____不同合理选择粉料品种。
   A. 糊的质感
   B. 糊的品种
   C. 调糊时具体情况
   D. 原料的含水量

73. 挂糊的主料选择范围较广，除动物性肌肉原料以外，还可选择_____原料。
   A. 粮食、豆制品等
   B. 蔬菜、水果等
   C. 豆制品、蔬菜等
   D. 鲜活原料、水发干货、粮食等

74. 挂糊的主料在料形上可选择_____原料。
   A. 不同形状的动物性
   B. 不同形状的植物性
   C. 切割成小形的
   D. 不同形状的海鲜类

75. 挂糊的主料选择范围较广，在料形上除可选择切割成小形的原料以外，也可选用_____。
   A. 脆性原料
   B. 花色形状原料
   C. 形体较大或整只的植物原料
   D. 形体较大或整只的动物原料

76. 挂糊时对于质地较老的原料，糊的浓度应_____。
   A. 稀一些
   B. 稠一些
   C. 稠稀一样
   D. 保持不变

77. 挂糊时对于质地较嫩的原料，糊的浓度应_____。
   A. 稀一些
   B. 稠一些
   C. 稠稀一样
   D. 保持不变

78. 果蔬原料挂糊时，糊的浓度应_____。
   A. 稀一些
   B. 稠一些

C. 稠稀一样 D. 保持不变

79. 经过冷冻的原料挂糊时，糊的浓度应_____。
    A. 稀一些 B. 稠一些
    C. 稠稀一样 D. 保持不变

80. 对表面光滑的原料进行挂糊时，可在原料的外表先拍上一层_____，然后再拖上糊下锅油炸。
    A. 干粉 B. 蛋液
    C. 清水 D. 水淀粉液

81. 熟粘皮法一般将丝料和主料分别成熟，后用黏性的酱料粘合在一起，常用黏性酱料有_____。
    A. 沙律酱 B. 蛋液
    C. 面粉糊 D. 淀粉糊

82. 水粉糊主要是由_____和水调配而成。
    A. 面粉 B. 淀粉
    C. 吉士粉 D. 发粉

83. 水粉糊主要是用淀粉和水调配而成，二者的比例为：_____。
    A. 淀粉45%，水55% B. 淀粉50%，水50%
    C. 淀粉55%，水45% D. 淀粉60%，水40%

84. 调配水粉糊的操作程序是：_____，调制均匀，融为一体。
    A. 将水烧开再与淀粉混合
    B. 将淀粉蒸熟再加入清水
    C. 直接将水与鸡蛋混合后再放入淀粉
    D. 直接将水与淀粉混合

85. 水粉糊主要用于_____等菜品的挂糊。
    A. 酥炸、干炸 B. 焦熘丸子
    C. 糖醋鱼 D. 干炸、脆溜

86. 水粉糊烹制的菜品具有干酥香脆、_____的特点。
    A. 色泽金黄 B. 嫩滑爽口
    C. 外焦里嫩、色泽金黄 D. 外焦里嫩

87. 全蛋糊就是将整只鸡蛋与_____一起调制而成的糊。
    A. 水、面粉、淀粉 B. 面粉、水
    C. 淀粉 D. 淀粉、水

88. 全蛋糊用的是面粉、淀粉、鸡蛋和水，调制时应先将_____调制均匀，使之融为一体。

    A. 鸡蛋与淀粉、面粉　　　　　　B. 鸡蛋与淀粉

    C. 水与淀粉、面粉　　　　　　　D. 水与鸡蛋

89. 全蛋糊的原料配比是：_____。

    A. 面粉 25％、淀粉 30％、鸡蛋 20％、水 25％

    B. 面粉 35％、淀粉 35％、鸡蛋 10％、水 20％

    C. 面粉 30％、淀粉 30％、鸡蛋 15％、水 25％

    D. 面粉 25％、淀粉 25％、鸡蛋 15％、水 35％

90. 水粉浆主要是用淀粉和水与盐、味精调配而成，原料配比为：_____。

    A. 淀粉 80％，水 20％　　　　　B. 淀粉 50％，水 30％

    C. 淀粉 50％，水 50％　　　　　D. 淀粉 60％，水 40％

91. 全蛋浆的原料配比是：_____。

    A. 淀粉 55％、鸡蛋 35％、水 8.5％

    B. 淀粉 50％、鸡蛋 50％、水 10％

    C. 淀粉 30％、鸡蛋 15％、水 25％

    D. 淀粉 25％、鸡蛋 15％、水 35％

92. 在菜肴制作的全过程中，适时、适量地添加调味料，以引起人们的味觉、嗅觉、触觉、视觉等器官以味觉为中心的各种美感，这一操作技术称为_____。

    A. 调味工艺　　　　　　　　　　B. 调味过程

    C. 调味方法　　　　　　　　　　D. 调味手段

93. 调味工艺是为了引起人们的味觉、嗅觉、触觉、视觉等器官以_____为中心的各种美感。

    A. 触觉　　　　　　　　　　　　B. 视觉

    C. 味觉　　　　　　　　　　　　D. 嗅觉

94. 调味工艺是在菜肴制作的全过程中，适时、适量地添加_____。

    A. 松软剂　　　　　　　　　　　B. 调味剂

    C. 调味料　　　　　　　　　　　D. 调色料

95. 在菜肴制作的全过程中，要根据_____要求进行调味。

    A. 风味菜品的规格标准　　　　　B. 菜肴质的规格标准

    C. 原料质量的规格标准　　　　　D. 菜肴量的规格标准

96. 在菜肴制作的全过程中，调味过程是将原料按_____和工艺程序进行投放与

调和。

　　A. 主料多少　　　　　　　　　B. 调味程序

　　C. 配方比例　　　　　　　　　D. 原料质量

97. 在菜肴制作的全过程中,调味过程是使_____互相影响、互相渗透,从而达到菜品的预定味道。

　　A. 各种调料之间　　　　　　　B. 调料与主料

　　C. 配料与主料　　　　　　　　D. 菜品之间

98. 菜肴的口味主要是_____。

　　A. 通过加热实现的　　　　　　B. 通过调味工艺实现的

　　C. 通过成菜前的调味实现的　　D. 通过成菜后的调味实现的

99. 各种调味原料在运用_____进行合理组合和搭配之后,可以形成多种多样的风味特色。

　　A. 加热工艺　　　　　　　　　B. 烹调技术

　　C. 预制调味技术　　　　　　　D. 调味工艺

100. 在烹调时,加入较重的_____,使调料的气味浓郁而突出,可以将部分腥味掩盖,缓冲和减轻肉类的各种异味。

　　A. 香辣调料　　　　　　　　　B. 葱姜蒜

　　C. 料酒和醋　　　　　　　　　D. 适量的糖

101. 在预煮或烹调过程中加入各种香辛调味料,可以_____。

　　A. 使菜肴提鲜　　　　　　　　B. 除去原料中的异味

　　C. 增加菜肴的质感　　　　　　D. 使菜品的口味鲜美

102. 料酒中含有乙醇、酯类、氨基酸等成分,其中_____可以促进异味的挥发,同时还能与有异味的酸在加热时形成具有香气的酯类。

　　A. 料酒　　　　　　　　　　　B. 酯类

　　C. 乙醇　　　　　　　　　　　D. 氨基酸

103. _____可以与肉类中一些异味成分结合,形成不易挥发的成分,从而抑制肉类原料散发出腥膻气味。

　　A. 辣椒　　　　　　　　　　　B. 葱姜蒜

　　C. 胡椒粉　　　　　　　　　　D. 食醋中的酸

104. 在烹调时,加入较重的香辣调料,使调料的气味浓郁而突出,可以缓冲和减轻肉类的_____。

　　A. 腥气味　　　　　　　　　　B. 各种异味

C. 酸腥味 D. 膻味

105. 在烹调鱼时，加入醋与酒，可以中和鱼腥味中呈_____的成分。

A. 腥气味 B. 异味

C. 碱性 D. 酸腥味

106. "五味之美，不可老及"出自下列哪本典籍_____。

A. 《周易》 B. 《随园食单》

C. 《黄帝内经》 D. 《调鼎集》

107. 下列哪种调味品可以溶解植物纤维和动物骨刺_____。

A. 醋 B. 酱油

C. 盐 D. 蚝油

108. 菜肴呈现的各种色泽主要来源于原料中_____。

A. 固有的天然色素 B. 膳食颜色

C. 添加的色素 D. 所含的人工色素

109. 菜肴呈现的各种色泽，主要来源于原料中固有的天然色素，其次就是_____形成的色泽。

A. 调料和人工色素 B. 糖色、酱油等

C. 加热变色 D. 调料和调色剂

110. 调料着色来自于两个方面，一是_____与原料相吸附而形成的；二是调味品与原料相结合后发生的色彩变化反应所形成的。

A. 菜肴色泽 B. 调味品本身的色泽

C. 酱油的色泽 D. 调料着色

111. 运用_____可以改善和调节菜品质感风味。

A. 调味工艺 B. 调色工艺

C. 调香工艺 D. 拼摆工艺

112. 菜品质感的变化与_____有关系。

A. 原料搭配与调味料加入的时机

B. 原料质地

C. 原料质地与调味料加入的时机

D. 调味料加入的时机

113. 腌渍鱼时，鱼肉质地与腌渍时间_____。

A. 成反比 B. 不成比例

C. 成正比 D. 长短无影响

114. 鱼肉腌渍时间_____，可保持鱼肉的嫩度。
　　A. 过短　　　　　　　　B. 过长
　　C. 长　　　　　　　　　D. 短

115. 烹制野味、动物内脏时加入料酒和醋，能够起到_____的作用。
　　A. 增加香味　　　　　　B. 消除异味
　　C. 确定口味　　　　　　D. 增加色泽

116. 在烹调过程中，"炝锅"是_____的调味形式。
　　A. 增加香味　　　　　　B. 消除异味
　　C. 确定口味　　　　　　D. 增加色泽

117. 下列菜肴成菜主要采用腌浸调味法调味的是_____。
　　A. 熏白鱼　　　　　　　B. 酸白菜
　　C. 爆炒腰花　　　　　　D. 菊花鱼

118. 下列菜肴成菜主要采用烟熏调味法调味的是_____。
　　A. 樟茶鸭　　　　　　　B. 酸白菜
　　C. 爆炒腰花　　　　　　D. 菊花鱼

119. 下列菜肴成菜主要采用包裹调味法调味的是_____。
　　A. 樟茶鸭　　　　　　　B. 酸白菜
　　C. 爆炒腰花　　　　　　D. 菊花鱼

120. 下列菜肴成菜主要采用浇汁调味法调味的是_____。
　　A. 樟茶鸭　　　　　　　B. 酸白菜
　　C. 爆炒腰花　　　　　　D. 菊花鱼

121. 下列菜肴成菜主要采用粘撒调味法调味的是_____。
　　A. 粉蒸肉　　　　　　　B. 酸白菜
　　C. 爆炒腰花　　　　　　D. 菊花鱼

122. 下列菜肴成菜主要采用熟料粘撒调味法调味的是_____。
　　A. 粉蒸肉　　　　　　　B. 椰丝虾球
　　C. 粉蒸鸡　　　　　　　D. 香粉鱼排

123. 椒盐虾段成菜主要采用的调味方法是_____。
　　A. 跟碟调味法　　　　　B. 包裹调味法
　　C. 粘撒调味法　　　　　D. 浇汁调味法

124. 烤羊排成菜主要采用的调味方法是_____。
　　A. 跟碟调味法　　　　　B. 包裹调味法

C. 粘撒调味法　　　　　　　　D. 浇汁调味法

125. 西湖醋鱼成菜主要采用的调味方法是_____。
    A. 跟碟调味法　　　　　　　　B. 包裹调味法
    C. 粘撒调味法　　　　　　　　D. 浇汁调味法

126. 拔丝香蕉成菜主要采用的调味方法是_____。
    A. 跟碟调味法　　　　　　　　B. 包裹调味法
    C. 粘撒调味法　　　　　　　　D. 浇汁调味法

127. 韩国泡菜成菜主要采用的调味方法是_____。
    A. 跟碟调味法　　　　　　　　B. 包裹调味法
    C. 腌渍调味法　　　　　　　　D. 浇汁调味法

128. 大煮干丝成菜主要采用的调味方法是_____。
    A. 热传质调味法　　　　　　　B. 包裹调味法
    C. 腌渍调味法　　　　　　　　D. 浇汁调味法

129. 兰花鱼卷成菜主要采用的调味方法是_____。
    A. 热传质调味法　　　　　　　B. 包裹调味法
    C. 腌渍调味法　　　　　　　　D. 浇汁调味法

130. 爆乌花成菜主要采用的调味方法是_____。
    A. 热传质调味法　　　　　　　B. 包裹调味法
    C. 腌渍调味法　　　　　　　　D. 浇汁调味法

131. 醋溜鳜鱼成菜主要采用的调味方法是_____。
    A. 跟碟调味法　　　　　　　　B. 包裹调味法
    C. 腌渍调味法　　　　　　　　D. 浇汁调味法

132. 腌浸调味法主要是利用_____原理。
    A. 盐的作用　　　　　　　　　B. 渗透
    C. 海盐的作用　　　　　　　　D. 辐射

133. 腌浸调味法主要是使_____与原料相结合。
    A. 大粒海盐　　　　　　　　　B. 液体调料
    C. 调味料　　　　　　　　　　D. 固体调料

134. 腌浸调味法根据使用的调味品品种不同可分为_____、醋渍法和糖浸法。
    A. 盐腌法　　　　　　　　　　B. 酱油腌法
    C. 海盐腌法　　　　　　　　　D. 酱腌法

135. 调味方法包括：①_____；②热传质调味法；③烟熏调味法；④包裹调味法；

⑤浇汁调味法；⑥粘撒调味法；⑦跟碟调味法。

  A. 腌浸调味法   B. 盐渍调味法

  C. 泡制法   D. 酱制法

136. 味型分为单一味和_____。

  A. 复合味   B. 多种味

  C. 浓香味   D. 混合味

137. 白汁味、红汁味、麻酱味、卤香味、蟹肉味、虾子味属于_____味型。

  A. 酱香   B. 咸鲜

  C. 五香   D. 鲜美

138. 红烧味、腐乳味、酒酿味、瓜姜味、冰糖烧味属于_____味型。

  A. 鲜咸   B. 甜味

  C. 咸甜   D. 红烧

139. 花椒盐味、胡椒盐味、韭菜酱、孜然盐味属于_____味型。

  A. 椒麻   B. 孜然

  C. 烧烤   D. 咸香

140. 麻辣味、怪味属于_____味型。

  A. 麻辣   B. 咸辣

  C. 家常   D. 香辣

141. 在味型的分类体系中，单一味主要包括_____。

  A. 酸、甜、苦、咸、鲜、辣   B. 酸、甜、苦、咸、涩

  C. 酸、甜、苦、咸、鲜   D. 酸、辣、苦、咸、鲜

142. _____是中国烹饪中最常见、最基本的味型之一。

  A. 咸鲜味   B. 糖醋味

  C. 酸辣味   D. 咸甜味

143. 咸鲜味的适用区域和选料都十分广泛，不受_____的限制。

  A. 南方   B. 季节、年龄

  C. 南方、北方   D. 年龄

144. 咸鲜味是中国烹饪中最常见、最基本的味型之一，许多_____，都是运用咸鲜味调配的。

  A. 地方菜肴   B. 高档菜肴

  C. 家常菜肴   D. 风味菜肴

145. 糖醋味会因地区不同、人们的_____不一样，而甜酸的程度和比例各异。

A. 地域习俗 B. 生活水平
C. 生活习惯 D. 口味习惯

146. 甜酸味在烹饪中的应用相当广泛，它既可作为炒菜、滑熘菜、炸熘菜以及_____的味型，也可作为煎炸菜、烧烤菜的佐味调料。

A. 凉菜卤汁 B. 热菜浇汁
C. 腌制菜肴 D. 拌炝菜肴

147. 当甜味和酸味相互融合后，其味觉有_____的现象。

A. 相加 B. 相减
C. 增加 D. 持平

148. _____在我国南方地区使用十分普遍，特别是运用酱油作为咸味剂的菜品。

A. 咸甜味 B. 糖醋味
C. 酸辣味 D. 椒香味

149. _____虽有咸甜味，但咸味占的比重很大，甜味占的比重很小，有时是放糖但不觉甜味。

A. 南方地区 B. 潮州地区
C. 北方地区 D. 广州地区

150. 江浙名菜_____是典型的咸甜味型的菜例。

A. 拆烩鲢鱼头 B. 蟹粉狮子头
C. 煮干丝 D. 扒烧整猪头

151. _____是典型的咸甜味型的菜例。

A. 爆腰花 B. 东坡肉
C. 拔丝苹果 D. 冰糖银耳

152. 咸甜味在实际调配过程中，一定要掌握好层次和主次，一般菜品并不是_____的。

A. 咸甜并重 B. 以咸味为主
C. 以甜味为主 D. 甜大于咸

153. _____是以呈咸味的盐为主要调料，掺入各种香辛调料混合而成的复合调料。

A. 咸香味型 B. 椒盐味型
C. 五香味型 D. 淮盐味型

154. _____是由花椒、精盐、味精调制而成，多用于炸煎菜。

A. 五香粉 B. 花椒盐
C. 淮盐 D. 花椒面

155. 胡椒盐中胡椒与盐的比例是_____。
    A. 2∶3 B. 3∶7
    C. 1∶5 D. 适中

156. 孜然盐中孜然粉与盐的比例是_____。
    A. 2∶9 B. 3∶5
    C. 1∶8 D. 1∶6

157. 行业中称为"调味盐",如花椒盐、胡椒盐、孜然盐等,在烹饪中主要用于煎炸一类菜品的_____。
    A. 决定性调味 B. 配料
    C. 补充调味 D. 配合调味

158. 烧、煮、烩类菜品的调味方法通常是_____。
    A. 热传质调味法 B. 包裹调味法
    C. 腌渍调味法 D. 浇汁调味法

159. 爆炒类菜品的调味方法通常是_____。
    A. 热传质调味法 B. 包裹调味法
    C. 腌渍调味法 D. 浇汁调味法

160. 炸、烤类菜品的调味方法通常是_____。
    A. 粘撒调味法 B. 包裹调味法
    C. 腌渍调味法 D. 浇汁调味法

161. 挂霜类菜品的调味方法通常是_____。
    A. 粘撒调味法 B. 包裹调味法
    C. 腌渍调味法 D. 浇汁调味法

162. 水晶肴肉的调味方法通常是_____。
    A. 粘撒调味法 B. 包裹调味法
    C. 腌渍调味法 D. 浇汁调味法

163. 腌制品食盐含量一般可达到_____。
    A. 50%～60% B. 15%～20%
    C. 1%～10% D. 0.8%～1.6%

164. 有关实验证明,在含有1%以上食醋时使用_____完全是一种浪费。
    A. 盐 B. 酱油
    C. 糖 D. 味精

165. 在调制甜酸味时,如果出现偏甜的现象,可以用添加_____的方法加以调节。

A. 醋 B. 酒
C. 盐 D. 碱

166. 在调制甜酸味时，如果出现偏酸的现象，可以用添加_____的方法加以调节。
A. 碱 B. 酒
C. 盐 D. 糖

167. 在浓度为_____食盐溶液中，如果添加 7～10 倍的蔗糖，咸味基本上被抵消。
A. 40% B. 30%
C. 20% D. 1%～2%

168. 在甜的溶液中，添加少量_____，可使甜味增大。
A. 碱 B. 酒
C. 盐 D. 酸

169. 水晶肴肉夏季腌制时间一般为_____。
A. 半天 B. 20 min
C. 1～2 天 D. 10 天

170. 糖腌渍是利用_____作用使原料入味的加工方法。
A. 毛细 B. 渗透
C. 传导 D. 辐射

171. 制作鱼汤最佳的调味时机是_____。
A. 煎制时 B. 加热中
C. 加水时 D. 出锅前

172. 京酱肉丝加工时宜放入_____温度的油锅中滑熟。
A. 80℃ B. 160℃
C. 110℃ D. 220℃

173. 江浙名菜"扒烧猪头""东坡肉""红烧划水"等都是典型的_____菜例。
A. 咸鲜味型 B. 咸甜味型
C. 酸甜味型 D. 香甜味型

参考答案及说明

一、判断题

1. ×。菜肴组配除要根据宴席档次外，还要根据菜肴质量的要求。
2. ×。菜肴组配要根据宴席档次和菜肴质量的要求，不必根据烹调方法的要求。

3. √。

4. ×。菜肴的量是指菜肴中各种原料的重量及其菜肴的重量。

5. √。

6. ×。

7. √。

8. ×。主料所占的比重通常为60%以上。

9. ×。辅料又称"配料",在菜肴中为从属原料,指配合、辅佐、衬托和点缀主料的原料。

10. ×。辅料在菜肴中所占的比重通常为30%~40%以下。

11. ×。调料是用于烹调过程中调和食物口味的一类原料。

12. √。

13. ×。调料用量虽少但作用很大。

14. ×。单一原料菜肴的组配即菜肴中只有一种主料,没有配料。

15. ×。菜肴风味主要依靠主料单独展现,没有配料,因此原料要求高,必须新鲜,质地细嫩,口感较佳。

16. ×。木须肉不是单一原料菜肴。

17. √。

18. ×。主辅料的比例一般为9:1、8:2、7:3、6:4等形式。

19. ×。主辅料的比例不一定为7:3,也可以为9:1、8:2、6:4等。

20. √。

21. ×。多种主料菜肴在组配时,每种主料的重量基本相同。

22. ×。在配菜时应将各种主料分别放置在配菜盘中,方便不同原料采用不同的烹饪处理方法。

23. √。

24. ×。菜肴组配的意义在于确定菜肴的营养价值。

25. ×。应为菜肴组配的意义。

26. ×。菜肴组配的意义之一在于确定菜肴的口味和烹调方法。

27. √。

28. ×。一般菜点的容量占餐具的80%~90%为宜。

29. ×。

30. ×。爆、炒、炸、煎类菜品零点时一般选用9寸圆盘或12寸腰盘,筵席一般选用12~14寸圆盘或16寸腰盘。

31. √。
32. √。
33. ×。单一原料冷盘有时可根据需要辅以适当的点缀。
34. ×。单一原料冷盘大多数以一种原料组成一盘菜肴。
35. ×。单一原料冷盘的装盘有多种形式的造型。
36. √。
37. ×。多种原料冷盘是指以两种以上凉菜原料组成一盘菜肴。
38. ×。多种原料冷盘除花色冷盘外,主要用于拼盘和花色冷盘的围碟。
39. ×。
40. ×。什锦排盘的装盘是由10种左右冷菜原料构成的。
41. ×。什锦排盘不要求一定有艺术价值,也不一定象形。
42. √。
43. ×。添加剂液体的数量要受限制,尽量少用或不用。
44. √。
45. ×。主配料应分别放入适当的容器中,以保证不同原料投放的次序。
46. √。
47. ×。刀工整齐、形态美观的冷盘,点缀应摆放在盘边,不要遮挡,以展现整齐的刀工。
48. ×。刀工不整齐、形态不美观的冷盘,点缀应摆放在原料上面,起到遮挡作用。
49. √。
50. ×。辅助性拍粉是在原料表面先拍上一层干淀粉,然后再挂糊油炸或油煎。
51. ×。
52. ×。
53. √。
54. ×。风味性拍粉是先在原料外表上浆或挂上一层薄糊。
55. √。
56. ×。辅助性拍粉要求现拍现炸,否则原料内部水分渗出,使粉料潮湿,下锅后不能松散。
57. ×。拍粉或粘皮时,一定要将粉料按实。
58. ×。拍粉后的原料不宜放置太长的时间,长时间放置后粉料吸水回软,影响菜品口感,而且炸制后菜品表面不膨松。
59. √。

60. ×。挂糊的粉料一般以面粉、米粉、淀粉为主。

61. ×。选择时粉料一定要干燥。

62. ×。挂糊的粉料一般以面粉、米粉、淀粉为主。

63. ×。挂糊的主料选择范围较广,除动物性肌肉原料外,还可选择蔬菜、水果等原料。

64. ×。挂糊的主料在料形上除可选择切割成小形的原料以外,也可选用形体较大或整只的动物原料。

65. √。

66. ×。原料挂糊不均匀不充分,会使原料水分溢出,会出现脱糊和油锅爆炸等现象。

67. ×。一次性下锅原料过多会造成原料相互联结。

68. √。

69. ×。上浆前原料表面不能带有较多的水分,如有水则会降低淀粉浆的黏度,影响淀粉浆的粘附能力,造成烹饪过程中的脱浆现象。

70. ×。蛋清经搅打后易起泡而降低黏度。

71. √。

72. √。

73. ×。水粉糊中,淀粉占55%,水占45%。

74. ×。水粉糊主要是用淀粉和水调配而成的。

75. ×。全蛋糊的原料配比是:面粉25%、淀粉25%、鸡蛋15%、水25%。

76. ×。调制全蛋糊时,应先将水与淀粉、面粉调制均匀,然后再将鸡蛋放入调匀,使之融为一体。

77. ×。调制时应先将水与淀粉、面粉调制均匀,然后再将鸡蛋放入调匀,使之融为一体。

78. √。

79. ×。应是将原料按配方比例和工艺程序进行投放与调和。

80. √。

81. √。

82. ×。去除异味应是指在制作菜品的全过程中。

83. ×。应为其次就是调料和人工色素形成的色泽。

84. ×。应为一是调味品本身色泽与原料相吸附而形成的。

85. ×。菜肴呈现的各种色泽主要来源于原料中固有的天然色素。

86. √。

87. ×。粤式清蒸鱼加热前不投放咸味调料。

88. √。

89. ×。如果先加盐，鱼蓉不仅吃水量不足，甚至会造成脱水现象，这样的鱼丸将达不到理想的质感。

90. √。在烹调时添加酸味调味品可以加速肉类原料的酥烂。

91. √。

92. ×。腌浸调味法还包括盐腌法。

93. ×。调味方法还有粘撒调味法。

94. ×。单一味不包括辣和涩。

95. √。

96. √。

97. ×。许多高档菜肴都是运用咸鲜味调配的。

98. ×。甜味和酸味融合后，其味觉有相减的现象。

99. √。

100. ×。葱、姜、蒜在甜酸味中主要是去腥、增香、提鲜作用。

101. √。

102. ×。应为"甜上口，咸收口"。

103. √。

104. √。

105. ×。咸香味型能够同时改善和丰富煎炸的香味特色。

106. ×。胡椒盐中，胡椒与盐的比例是1∶5。

107. ×。花椒的香味易挥发，花椒盐应现用现炒，不宜久放。

二、单项选择题

1. B。菜肴组配的定义。

2. B。这是菜肴组配定义的简单表述。

3. B。菜肴的量是指菜肴中各种原料的重量及其菜肴的重量。C、D选项均不全面。

4. A。这是菜肴的质的定义。

5. C。这是菜肴的质的定义。

6. D。菜肴的量的定义。

7. C。菜肴的质，是指组成菜肴的各种原料总的营养成分和风味指标；菜肴的量，是指菜肴中各种原料的重量及其菜肴的重量，菜肴的质和量概括了菜肴的全貌，其他选项的表述不全面或不正确。

8. C。在菜肴的组成方面，主料起关键作用，是菜肴的主要内容，对于一份菜品而言，主料的品种、数量、质地、形状均有一定的要求，是固定不变的，A、B、D的表述不够全面。

9. B。

10. D。主料起关键作用，是菜肴的主要内容。

11. B。辅料是补充或增强主料的风味特性，辅料包括装饰料，调料用量很少。

12. D。辅料在菜肴中主要起到衬托和点缀主料的作用。

13. C。实践总结，在整个菜品中，辅料最适宜的分量为30%~40%。

14. D。该选项将辅料的作用表述得最为全面。

15. A。

16. B。

17. D。因为每一种调味品都含有区别于其他调味品的特殊成分，所以用量虽少但作用很大。

18. A。调味品的主要成分物质发挥作用进而改变菜肴的色、香、味、形。

19. D。烹调过程中添加调味料进行调味是大部分菜肴的调味方式。

20. B。

21. C。原料必须新鲜，质地细嫩，口感较佳。

22. D。单一原料菜肴没有配菜的辅助，菜肴风味主要依靠主料单独展现，因此原料要求高，必须新鲜，质地细嫩，口感较佳。

23. B。木须肉、冬笋肉丝均不是单一原料的菜肴。

24. B。

25. C。主辅料菜肴质量方面以主料为主导地位，起突出作用，辅料对主料的色、香、味、形起衬托和补充作用，常见比例为9:1、8:2、7:3、6:4。

26. A。在菜品制作过程中，主料为主导地位，配料起衬托和补充作用，主料形状要大于辅料，但主辅料的色彩和质地不一定要求一致。

27. D。这是烹饪实践总结出来的规律，即主料一般为动物性原料，辅料一般为植物性原料。

28. C。这是多种主料菜肴组配的定义。

29. D。分别放在不同的配菜盘中，这样可方便烹调时按顺序操作。

30. D。配菜的原料需要刀工处理的均在配菜前刀工处理好，配菜后下一烹饪程序为烹调加工，烹饪加工包括蒸制等。

31. C。

32. B。

33. A。

34. D。

35. A。

36. B。菜肴组配只是菜肴制作的中间环节，后面还经过烹调等加工工序才能成菜，菜肴的品质、品种和质地受后面工序烹调影响较大，组配环节很难确定。

37. B。

38. A。

39. B。菜肴装得太多一方面不雅观，另一方面不卫生；少了显得菜肴不够饱满。

40. B。

41. D。这类菜肴的造型如馒头式、桥梁式等。

42. C。双拼、三拼和什锦盘均为多种原料冷盘装盘形式。

43. D。这类冷盘的组配需要注意原料在口味上应相似，形状上便于造型，数量上有一定的比例，色彩上五彩缤纷。

44. B。独碟和小拼盘为单一原料的冷盘，花色冷盘包括什锦拼盘。

45. C。色彩丰富能给客人以美的享受。

46. A。

47. C。

48. A。

49. A。冷菜严禁使用有毒或不清洁的东西，以防止食物中毒等事件的发生。

50. B。

51. A。

52. D。马铃薯淀粉糊化温度为59～67℃，玉米淀粉糊化温度为64～72℃，小麦淀粉糊化温度为65～68℃，甘薯淀粉糊化温度为70～76℃。

53. A。挂糊上浆应选择糊化速度快、糊化黏度上升快的淀粉。马铃薯淀粉颗粒大，吸水力强，糊化温度低，黏度高，透明性好，最适宜上浆挂糊。

54. C。玉米淀粉糊化温度较高，糊化过程较慢，糊化热黏度上升缓慢，但凝胶强度好。

55. B。辅助性拍粉，防止原料挂糊时脱糊，先用干粉起一个中介作用，使糊与原料粘合在一起。

56. C。拍上一层干淀粉，这样使得挂糊时不脱糊。

57. D。

58. A。挂糊可以保持原料的嫩度。

59. C。这是风味性拍粉常用的烹调方法。

60. B。这是风味性拍粉区别于其他拍粉的独特特点。

61. A。这样操作既对原料起到保护作用，也增加了原料的黏附性，使粉料油炸后不易脱落，整齐、均匀地黏附在原料表面。

62. A。如面包猪排、芝麻鱼卷等。

63. A。其他三种菜肴均需挂糊才能成菜。

64. B。粉料潮湿，将影响菜品的香味或脆度。同时，粉料潮湿容易结团，将导致粉料不能均匀地包裹在原料的表面。

65. C。粉料按实是防止烹饪时脱落，确保菜品的质量。

66. D。拍粉后的原料要尽量快点烹调，否则粉料吸水回软，影响菜品口感，且炸制后菜品表面不蓬松。

67. B。粉料潮湿入锅油炸，它的香味和脆度远不及干粉。只要粉料干燥，不管浆糊的浓度稀和原料含水多，只要现拍现炸，均能达到菜肴应有的脆度和香味

68. C。粉料潮湿容易结团，入油锅烹调后，形成颗粒状，影响菜品质量。

69. B。面粉、米粉、淀粉是挂糊常用的几种粉料，淀粉和面粉可以单独调糊，也可以和其他粉料混合调糊。

70. C。选择的粉料一定要干燥，否则调糊时会出现颗粒，不能均匀地包裹在原料的表面。

71. D。选择粉料一定要保持干燥，否则影响菜品质量。

72. B。糊的种类比较多，如全蛋糊是以面粉为主的，水粉糊是以淀粉为主的。

73. B。

74. C。

75. D。形体较大的原料，挂糊要均匀，不能脱糊，否则会影响菜品质量。

76. A。因为较老的原料本身所含的水分较少，可容纳糊中较多的水分向里渗透，所以糊的浓度应稀一些。

77. B。因为较嫩的原料本身所含水分就较多，糊中的水分要向里渗透比较困难，同时还会稀释糊的浓度，所以糊的浓度应稀些。

78. B。因为果蔬原料水分较多，如果糊过稀会使原料水分蒸发、成品变软而且不能成形，所以在炸果蔬原料时糊应稠浓一些。

79. B。因经过冷冻的原料在解冻时会发生汁液流失现象，所以糊的浓度应稠些，以便吸收从原料内流出的汁液，如果过稀则容易脱糊。

80. A。

81. A。

82. B。水粉糊是挂糊类最常用的一种糊。用此糊烹制的菜品具有干酥香脆、外焦里嫩、色泽金黄的特点。

83. C。

84. D。

85. D。干炸、脆溜特点与水粉糊的特点相同，即干酥香脆、外焦里嫩、色泽金黄。

86. C。

87. A。调制全蛋糊时一定要掌握主料的加入顺序。

88. C。如先用鸡蛋与面粉调和，就会出现许多颗粒，并且很难调制均匀，直接影响菜肴的美观。

89. D。 90. B。 91. A。 92. A。 93. C。 94. C。 95. A。

96. C。 97. B。 98. B。

99. D。这是中国菜肴风味丰富多彩的基础。

100. A。

101. B。

102. C。料酒在菜肴制作中发挥作用的主要成分为乙醇。

103. D。辣椒、胡椒粉和葱、姜、蒜主要是掩盖异味。

104. B。各种异味包括腥气味和膻味等，香辣味不改变菜肴的质地。

105. C。主要是通过酸碱中和反应，去除鱼腥味中的碱性成分。

106. B。

107. A。

108. A。

109. A。

110. B。

111. A。调味工艺可以调节菜品的质感，但对菜品的质感起决定作用的是调质工艺和火候。

112. C。

113. C。腌渍时间短，可以保持鱼肉的嫩度，如果时间稍长，肉质就会变老。

114. D。

115. B。

116. A。

117. B。熏白鱼采用了烟熏调味法，爆炒腰花采用了包裹调味法，菊花鱼采用了浇汁调味法。

118. A。

119. C。

120. D。

121. A。

122. B。粉蒸肉、粉蒸鸡、香粉鱼排采用了生料粘撒调味法。

| 123. C。 | 124. A。 | 125. D。 | 126. B。 | 127. C。 | 128. A。 | 129. D。 |
| 130. B。 | 131. D。 | 132. B。 | | | | |

133. C。调味料包括大粒海盐、液体调料、固体调料。

134. A。酱油腌法、酱油腌法烹饪中不常见。

135. A。	136. A。	137. B。	138. C。	139. D。	140. B。	141. C。
142. A。	143. B。	144. B。	145. D。	146. A。	147. D。	148. A。
149. C。	150. D。	151. B。	152. A。	153. A。	154. B。	155. C。
156. D。	157. C。	158. A。	159. B。	160. A。	161. B。	162. C。

163. B。

164. D。因为在酸味达到一定浓度后,味精中的谷氨酸的溶解度会大大降低。

165. A。

166. D。

167. D. 在浓度为1‰～2‰食盐溶液中,如果添加7～10倍的蔗糖,咸味基本上被抵消;而在20%以上食盐溶液中,即使添加多量蔗糖,咸味也不会消失。

168. C。

169. C。

170. B。

171. D。过早投入盐,会使汤汁不浓,味道不鲜。

172. C。

173. B。

第四章 菜肴制作

考 核 要 点

理论知识考核范围	考核要点	重要程度
热菜烹制	1. 明火加热燃料的种类	了解
	2. 明火加热设备的功能特点	掌握
	3. 电能加热设备的功能特点	掌握
	4. 蒸汽加热设备的分类及特点	熟悉
	5. 加热的目的和作用	熟悉
	6. 水预熟处理方法的分类与应用	熟悉
	7. 翻勺的种类及要求	掌握
	8. 烹调方法的分类	掌握
	9. 炒的烹调方法	掌握
	10. 煎的烹调方法	掌握
	11. 煮的烹调方法	了解
	12. 汆的烹调方法	了解
	13. 炸的烹调方法	掌握
冷菜烹制	1. 冷菜的烹制种类	掌握
	2. 冷菜制作的要求	熟悉
	3. 凉拌的操作方法	熟悉
	4. 泡、醉、腌的操作方法	掌握

重点复习提示

一、热菜烹制

1. 明火加热燃料的种类

通常可将明火加热的燃料分为固态、液态、气态三种。其中固态燃料有柴、木炭、煤，在厨房中多以煤作燃料；液态燃料有柴油、汽油、煤油、酒精，在厨房多用柴油；气态燃料有液化石油气、煤气、沼气。

2. 明火加热设备的功能特点

明火加热设备有：煤灶、煤气灶、液化石油气灶、柴油灶。

(1) 煤灶一般分吸风灶和鼓风灶两种，是过去饮食业中常用的炊具，使用起来并不方便，需要生火、添煤、封炉等多道工序，调节起来也不容易，同时卫生状况不佳，所以现代厨房已将其淘汰。

(2) 煤气灶的主要燃料为煤气。煤气是由煤炭干馏而获得的，是一种气态燃料，主要化学成分有氢、氧气、一氧化碳、二氧化碳、氮气、甲烷、不饱和烃（主要是乙烯）和饱和水蒸气。其中可燃成分达90%以上，主要是氢气（50%~55%）、甲烷（23%~27%）、一氧化碳（5%~8%）。现代家庭、饭店中多以煤气做加热燃料，使用起来非常方便与容易，并且干净、卫生、无粉尘。

(3) 液化石油气灶的燃料为液化石油气。液化石油气是一种优质燃料，着火点低，液态热值在46 000 kJ/kg，气态可达83 680 kJ/kg，温度可达1212℃，具有煤气的优点又比煤气好。

(4) 柴油灶大多灶口大，一般配有鼓风机，以增加燃烧速度，注意掌握好油量与风量的比例，否则火易熄灭。柴油灶的主要燃料为柴油。柴油也是石油的加工品，由石油分馏而得，主要由15~18个碳原子的烷烃组成，是一种液态燃料，其燃烧值为37 700~38 900 kJ/kg。

3. 电能加热设备的功能特点

电能加热设备一类是通电后将电能直接转化为热能的装置，一般有电炸炉、电扒炉、电法兰板（fry-pan）等；另一类是通电后将电能转化为电磁波，通过电磁波来加热的装置，一般有电磁灶、远红外线烤炉、微波炉等。

(1) 电灶中的电炸炉、电扒炉、电法兰板都有通电开关、温控器、定时器，这样操作起来既方便有效，又安全卫生。

(2) 电磁灶加热一般有开关和强弱调节杆，非常安全和方便。此外，由于电磁灶对不产生磁性的原料不会加热，故手、纸等物放在上面并不能被加热，因此更加安全。

(3) 远红外线烤炉中的远红外线属于非电离辐射电磁波，一般将波长为0.78~1 000 μm之间的电磁波称为红外线。

(4) 微波炉中的微波是一种300 MHz~300 GHz频率的电磁波，波长最短，频率最高，具有很强的穿透力。微波的加热是利用食物中的水分、蛋白质、脂肪、碳水化合物等都是电介质，易在电磁场中产生极化现象的原理。

微波加热尤其利用食物中的水分，水是一种极性分子，有极性分子在交变电场中随电场反复变化，使水分子运动加快，产生摩擦热。如果频率增加，水分子运动就加快，摩擦热产生得就越多。

4. 蒸汽加热设备的分类及特点

常用的厨房蒸汽加热设备有夹层锅、高压蒸汽柜等。它们的共同点是使用管道提供的蒸汽，热源是热蒸汽，而非现加热水形成的蒸汽。

5. 加热的目的和作用

加热的目的和作用是：清除或杀死食物中的病菌；促进食物被人体消化吸收；改善菜肴风味。

烹饪加热对有效利用食物的营养价值起到重要的辅助作用，具体包括以下几个方面：

（1）淀粉（多糖）在水中加热会发生糊化或水解，其中糊化是水分子进入紧密的淀粉胶束结构，使淀粉粒吸水膨胀。糊化的淀粉易于消化，是因为淀粉分子间的氢键吸收一定的热量后断裂，分子间结合力被破坏使紧密的结构变得疏松。

（2）蛋白质在水中加热会发生变性，甚至凝固，由于加热破坏了蛋白质的次级键，使蛋白质易被酶水解。

（3）脂肪在水中加热会发生乳化或水解。脂肪虽然不溶于水，但在加热条件下振荡力加强使水滴与油滴分散开来，互相包围着，形成O/W型（水包油型）乳胶液，同时温度的升高使界面张力降低，减少液滴的合并，最终在酶解作用下被消化。

（4）维生素在加热中的损失是不容忽视的，由于它们可以直接被消化，因此通常是可以生吃的。只要卫生条件能满足，含维生素较多的食物就应尽可能生吃，即使加热也应快速加热。

6. 水预熟处理方法的分类与应用

（1）水预熟处理方法的分类

水预熟处理方法包括：冷水预熟处理法和沸水预熟法。

（2）水预熟处理方法的应用原则

1）根据原料的性质掌握加热的时间，选择适宜的水温。

2）一般蔬菜原料、味清鲜的原料选择沸水锅，动物性原料、味重的原料选择冷水锅。大型的动物性原料在水中缓慢加热，可以使内部的腥膻异味随血水溶出有更多的扩散时间；否则开始就用沸水，将会使原料外部的蛋白质凝固，形成阻碍，内部的血水将不易排出。

3）注意无色与有色、无味与有味、荤与素在水加热时的关系。一般先加热无色、无味、素的原料，再加热有色、有味、荤的原料。

4）注意营养、风味的变化，尽可能不过度加热。绿色蔬菜之所以色泽碧绿，是因为沸水加热使细胞中的空气快速排空，显出透明感。对动物性原料来说，沸水能使之保持嫩度。

7. 翻勺的种类及要求

翻勺一般有大翻和小翻两种，在这两种方法中又分别有前翻与后翻两种形式，其中以前翻为主，大部分菜品都是用前翻的动作完成的。

翻勺的具体要求如下：

（1）翻勺时要做到握勺姿势正确。一般是以左手握勺，手心转右向上，贴住勺柄，拇指放在勺柄上面，然后握住勺柄，握力要适中，不要过分用力，以握住、握牢、握稳为准。

（2）如果是双耳锅，则左手持一块抹布，折叠后，遮住手掌，用拇指钩住耳锅一侧，四指张开抵住锅底。这样握便于在翻勺过程中，充分发挥腕力和臂力的作用，达到翻勺的灵活与准确。

8. 烹调方法的分类

烹调方法以传热介质划分可分为：水为介质的烹调方法，油为介质的烹调方法，气传热法。

（1）水传热法中水的温度最高为100℃，故又可分为温水传热法和沸水传热法。

（2）油传热法中油的温度可分为100℃以上和100℃以下两个温度区域，分别称温油和热油传热法。

$$水导热成熟法\begin{cases}短时间加热：灼、汆、涮\\中时间加热：㸆、扒、烧、煮、烩\\长时间加热：炖、焖、煨\end{cases}$$

（3）气传热法包括热空气传热法和热蒸汽传热法两类。热蒸汽传热的方式包括两种，一是非饱和状态的蒸汽传热，如对质嫩、蓉泥、蛋制品的加热多用放汽蒸；二是饱和状态或过饱和状态的蒸汽传热，如常用原料的足汽蒸。

9. 炒的烹调方法

炒是指将原料经过快速加热，翻拌均匀成熟的加工方法。炒法是菜肴制作中较快的一种方法，是中国烹调中的特色方法之一。

炒对于动物性原料来说一般要上浆，成熟后还要勾芡；而对于植物性原料来说一般不要上浆，成熟后不用勾芡。炒的选料范围很广，大部分原料皆可；刀工成形是片、条、丝、粒、末等小型料。

炒法依油温高低、油量多少可分为滑炒、煸炒和爆炒三种。

（1）滑炒是指将原料处理后，投入中温油中加热成熟，再与配料、调料翻拌并勾芡的加工方法。

（2）爆炒是指将原料处理后，投入热油锅中快速加热成熟，再与配料合炒并勾芡的加工方法。

(3) 煸炒是指将原料处理后，投入少量的热油中快速加热成熟的加工方法。

10. 煎的烹调方法

煎，实际上属于一种特殊的炸法，是将原料用少量油加热，至原料两面金黄而成熟的加工方法。煎法的菜肴适用扁平状或加工成扁平状的原料，因而多加热原料两面使之成熟。由于煎法的油温并不低，加热中原料表面的水分易汽化，所以可以形成外脆里嫩的口感。

煎法在加热前一定要烧热锅，放入冷油，即行业上称的"热锅冷油"，这样是为了防止原料粘锅。

煎法可以不需要挂糊，主要突出原料外表的焦香，行业称为"软煎"。也有菜肴需要拍粉或挂糊，以保护原料内部水分不外渗，使外表起脆，但糊不能太多、太厚，行业称为"脆煎"或"干煎"。

一般煎法最大的问题是受热的均匀度，因为煎制中，原料多半是半露半没，煎制时要及时翻身，保证两面受热均匀。

11. 煮的烹调方法

将原料放入水中，用大火加热至水沸，改中火加热使原料成熟的加热方法，称为煮。一般煮的水温控制在100℃，加热时间为30 min之内，成菜汤宽，不要勾芡，基本方法与烧较类似，只是最终的汤汁量比烧的多。

煮的方法运用到冷菜制作中，就成为常用的白煮和卤。与热菜加热法一样，白煮相当于清煮，卤相当于汤煮。白煮与煮的方法一样，而卤是一种特殊的煮法。卤注重汤的同时，还注重汤的保存，行业上对这种保存一定时间的汤称为老汤。

12. 汆的烹调方法

汆是指将原料入沸水中加热，短时间使原料成熟的加工方法。汆比任何水加热的时间都快，往往原料一变色即被捞出，所以原料加工的形状都是小型的。

汆根据介质的不同可分为水汆和汤汆两类。水汆实际是用水温90～100℃的清水汆熟；汤汆是将汤烧沸后，直接将原料汆入汤中成菜。

汆应视原料的老嫩来选择水温，同时，有些较嫩的原料可以上浆后再汆，以保持其嫩度。如果汆时使用鲜汤，则加热中水温会略有提高，也就是说实际沸腾时水温会略高于100℃。

13. 炸的烹调方法

炸的烹调方法包括低温油炸法和高温油炸法。

(1) 低温油炸法加热过程中的油温一般控制在120℃以内，原料刚下锅时油温要低，让原料养熟，出锅时油温提高，使油分排出。

低温油炸法在加热前一般不挂糊、拍粉，只有发蛋糊和纸包两种，油温的控制是低温油炸法的关键。

（2）高温油炸法是指将原料投入多油量的油锅中，经两次加热使原料成熟的加工方法。一般两次炸法的油温有两种，一种是中温（90～140℃）将原料加热成熟；另一种是高温（140～180℃）将原料加热至脆。

高温可以使水分迅速汽化，如果要使原料形成外脆里嫩的口感，初炸的温度就不要太高，否则外部脱水速度大于传热到内部使之成熟的速度，则会形成外焦而内不熟的现象。

值得注意的是，由于饮食卫生和保护营养素的需要，食物加热应尽量避免200℃以上的高温，除非万不得已，一般原则上对质地嫩的、新鲜的原料，多保持外脆里嫩的口感；对于质地老的、不新鲜的才要里外酥脆。

高温油炸法的菜肴由于油温较高，所以一般要挂糊、拍粉，以对原料进行保护，防止水分过多流失，只有少数菜肴不需要挂糊、拍粉。高温油炸法可依其状态分为清炸和挂糊炸两大类。

二、冷菜烹制

1. 冷菜的烹制种类

冷菜烹制分冷制冷食和热制冷食两大类。

所谓冷制冷食就是不经加热直接调味食用的冷菜，如凉拌、生炝、醉等。这类冷菜在加工时对卫生要求很高，餐具、用具、原料都必须进行消毒处理。

热制冷食是指原料经加热后用于冷菜的菜品，如卤、酱、熟炝等。制作这类冷菜要掌握口味的变化，其口味比一般热菜要重。其次要注意菜品的颜色，特别是选用酱油、酱汁等有色调味料时要控制用量，要突出冷菜清淡、味香、色艳的特点。

2. 冷菜制作的要求

冷制冷食类菜品都是不经加热处理的，调味后直接装盘上桌，对卫生要求特别高。

冷制冷食类菜品在调味时以清淡为主，这类菜品的特色是清淡爽脆，调味品用量过多会使菜品失去爽脆感。在使用调味品时慎用深色调味品。

3. 凉拌的操作方法

凉拌是指将加工处理的新鲜生料切成细薄小料码入盘内，调以各种味型的味汁拌匀成菜的冷菜技法。

凉拌技法的关键在于调制和运用味汁。在调制方面，分为直接调、锅内混合加热调两种。凉拌菜直接调汁重点是掌握好各种调料的比例，使之既有综合味又有原料的本味。凉拌菜调汁在锅内加热混合调制，主要是掌握好下入调料的次序和加热时间，使味汁的滋味融合恰到好处。最常见的调味汁有麻酱汁、芥末汁、椒麻汁、麻辣汁、姜汁、红曲汁、蒜泥汁、怪味汁等。凉拌技法最适宜现拌现吃，否则难以保证拌菜的品质和特色。

4. 泡、醉、腌的操作方法

（1）所谓泡是以时鲜蔬果为原料，投入经调制好的卤汁中浸泡成菜的方法。

泡菜的卤汁管理也是一门学问，甜酸味的卤汁主要用料是白糖、白醋、盐、香叶等，加水熬成。其浓度很高，盛装的盛器也要求是陶制品。

用来泡制的原料应新鲜，含有较多的水分，这样泡出的菜才会具有脆嫩爽口的质感。这些蔬果应洗涤干净，并沥干水分，不可将生水带入泡菜卤中，否则易使卤变浑甚至变质。

四川泡菜的卤汁主要用料为盐、花椒、白酒、干辣椒、红糖等加水熬成，放入特殊盛器——泡菜坛里，其酸味来自于生成的乳酸菌。

（2）醉是将鲜活原料放入容器中，加入用酒和调料制成的调味液腌渍，使活体原料"醉"熟成菜的冷菜技法。

（3）冷制冷食中的腌指的是腌拌，它的选料以脆嫩的植物性原料为主，如萝卜、莴苣、白菜等。在制作腌拌菜品时一定要注意清洁卫生，因为腌拌的原料是不经加热处理直接装盘上席的。

辅导练习题

一、判断题（下列判断正确的请在括号内打"√"，错误的请在括号内打"×"）

1. 煤灶一般分吹风灶和鼓风灶两种，是过去饮食业中常用的炊具，使用起来并不方便，需要生火、添煤、封炉等多道工序。（　　）

2. 煤气是由煤炭蒸馏而获得的，是一种气态燃料，主要化学成分有氢、氧气、一氧化碳、二氧化碳、氮气、甲烷、不饱和烃（主要是乙烯）和饱和水蒸气。（　　）

3. 使用煤气时，需要注意的是煤气中含 CO，易泄漏引起煤气中毒。（　　）

4. 柴油也是石油的加工品，由石油分馏而得。（　　）

5. 柴油炒灶大多灶口大，一般不配鼓风机，以控制燃烧速度。（　　）

6. 柴油炒灶一定要注意掌握好油量，风量可以随意调节。（　　）

7. 微波是一种 3 000 MHz～300 GHz 频率的电磁波，波长最短，频率最高，具有很强的穿透力。（　　）

8. 食物中的水分、蛋白质、脂肪、碳水化合物等不易在电磁场中产生极化现象。（　　）

9. 常用的厨房蒸汽设备有夹层锅、高压蒸汽柜等，它们的共同点是不使用管道提供的蒸汽。（　　）

10. 远红外线属于非电离辐射电磁波，一般将波长为 0.78~100 μm 之间的电磁波称为红外线。（　　）

11. 电磁灶是一种新型炊具，主要是利用通电后产生的微波来加热金属锅。（　　）

12. 通常采用高功率微波解冻高湿度的冷冻食物。（　　）

13. 微波可以使食物内部的水分汽化，加快干燥或食物膨化，所以微波在对食物的内部解冻、再加热、炖汤等方面有着巨大的优势。（　　）

14. 远红外线波长为 0.78~1.4 μm，是实际加热的常用红外线。（　　）

15. 夹层锅是将高压蒸汽通入金属夹层中，使锅内快速受热升温来加热食物。一般操作较为方便，只要加压就能提高温度。（　　）

16. 淀粉（多糖）在水中加热会发生糊化，糊化是水分子进入紧密的淀粉胶束结构，使淀粉粒吸水膨胀。（　　）

17. 糊化的淀粉不易于消化，是因为淀粉分子间的氢键吸收一定的热量后断裂，分子间结合力被破坏，使紧密的结构变得疏松。（　　）

18. 脂肪在水中加热会发生乳化或水解。脂肪虽然不溶于水，但在加热条件下振荡力加强，使水滴与油滴分散开来，互相包围着，形成 O/W 型（水包油型）乳胶液，同时温度的升高使界面张力降低，减少液滴的合并，最终在酶解作用下被消化。（　　）

19. 维生素在加热过程中的损失是不容忽视的，由于维生素能直接被消化，因此可以生吃。对于含维生素较多的食物，只要卫生条件允许，就尽可能生吃，即使加热也应快速加热。（　　）

20. 在应用水预熟处理法时，需要注意营养、风味的变化，应尽可能不过度加热。（　　）

21. 绿色蔬菜之所以色泽碧绿，是由于沸水加热使细胞中的空气快速排空，显出透明感。（　　）

22. 对动物性原料来说，沸水能使之快速成熟，保持柔韧度。（　　）

23. 大型的动物性原料在加热时，开始就应使用沸水，这有助于内部血水的排出。（　　）

24. 做大翻勺菜前，先在勺内放些油，然后烧沸，再用手勺在勺内搅匀（或用手晃勺），使勺的各处都沾上熟油，然后把油倒出，勺就变光滑了。（　　）

25. 大翻前，要用"晃勺"方法，把勺内菜肴转动几次，然后再进行大翻。（　　）

26. 使用双耳锅时，左手持一块抹布，折叠后，遮住手掌，用拇指钩住耳锅一侧，四指张开抵住锅底。这样握便于在翻勺过程中充分发挥腕力和臂力的作用，达到翻勺的灵活与准确。（　　）

27. 热空气传热法包括明炉烤、暗炉烤等。（　）
28. 蒸汽传热法包括放汽蒸、足汽蒸、熏蒸、高压汽蒸等。（　）
29. 油传热法中，油的温度可分为两个温度区域，100℃以上和80℃以下，分别称温油和热油传热法。（　）
30. 水传热法中水的温度最高为105℃，故又可分为温水传热法和沸水传热法。（　）
31. 滑炒是将原料处理后，投入温油中加热成熟，再与配料、调料翻拌并勾芡的加工方法。（　）
32. 生的植物性原料的煸炒，需要上浆和勾芡，然后用大火炒制成熟。（　）
33. 爆炒是将原料处理后，投入热油锅中快速加热成熟，再与配料合炒不勾芡的加工方法。（　）
34. 煸炒是将原料处理后投入少量的热油中快速加热成熟的加工方法。（　）
35. 煎法操作的关键是受热的均匀度，因为在煎制过程中，原料多半是半露半没，煎制时要及时翻身，才能保证两面受热均匀。（　）
36. 煎法的菜肴适用于圆筒状或加工成扁平状的原料，因而多加热原料两面使之成熟。（　）
37. 与热菜加热法一样，白煮相当于清煮，卤相当于汤煮。（　）
38. 卤煮重汤的制作，汤是一次性使用的。（　）
39. 卤煮重汤的保存，行业上将这种保存一定时间的汤称为老汤。（　）
40. 大多数较嫩的原料可以上浆后再氽，以保持其嫩度。（　）
41. 如果氽时使用鲜汤，则加热中水温会略有提高。（　）
42. 如果氽时使用鲜汤，则加热中水温会有所提高，也就是说实际沸腾时水温会达到110℃。（　）
43. 氽汤有时视原料的老嫩来选择水温。（　）
44. 高温可以使水分迅速汽化，要使原料形成外脆里嫩的口感，初炸的温度就要高些，否则外部脱水速度大于传热到内部使之成熟的速度，则会形成外焦而内不熟的现象。（　）
45. 值得注意的是，由于饮食卫生和保护营养素的需要，食物加热应尽量避免210℃以上的高温。（　）
46. 一般原则上对质地嫩的、新鲜的原料，多保持外脆里嫩的口感；对于质地老的、不新鲜的才要里外酥脆。（　）
47. 高温油炸法的菜肴由于油温较高，所以一般要挂糊、拍粉，以对原料进行保护，防止水分过多流失，只有少数菜肴不需要挂糊、拍粉，对此炸法的分类可依其状态分为清炸和挂糊炸两大类。（　）

48. 制作热制冷菜要掌握口味的变化，其口味比一般热菜要轻。　　　　　　　（　　）

49. 制作热制冷菜时，应注意菜品的颜色，特别是选用酱油、酱汁等有色调味料时要控制用量，要突出冷菜清淡、味香、色艳的特点。　　　　　　　　　　　　　　（　　）

50. 凉拌就是将加工处理的新鲜生料切成大的块、段码入盘内，调以各种味型的味汁拌匀成菜的冷菜技法。　　　　　　　　　　　　　　　　　　　　　　　　　（　　）

51. 凉拌时动物性原料使用得较少，常用的是新鲜的腌制过的海蜇皮、蜇头等海产品。
　　　　　　　　　　　　　　　　　　　　　　　　　　　　　　　　　（　　）

52. 凉拌菜最常见的调味汁有麻酱汁、芥末汁、椒麻汁、麻辣汁、姜汁、红曲汁、蒜泥汁、怪味汁等。　　　　　　　　　　　　　　　　　　　　　　　　　　　（　　）

53. 凉拌技法最适宜拌后一小时以后再吃，否则很难入味。　　　　　　　　（　　）

54. 用酒及香辛料的炝制方法主要适用于动物性原料中的鲜活水产品，餐饮业把这种炝制法称为"酒炝"。　　　　　　　　　　　　　　　　　　　　　　　　　（　　）

55. 四川泡菜的卤汁主要用料为盐、花椒、白酒、干辣椒、红糖等加水熬成，放入特殊盛器——泡菜坛里，其酸味来自于生成的醋酸。　　　　　　　　　　　　　（　　）

56. 冷制冷菜中的腌指的是腌拌，它的选料以脆嫩的动、植物性原料为主。（　　）

57. 在制作腌拌菜品时一定要注意清洁卫生，因为腌拌的原料是不经加热处理而直接装盘上席的。　　　　　　　　　　　　　　　　　　　　　　　　　　　　（　　）

58. 醉是将鲜活原料放入容器中，加用酒和调料制成的调味液腌渍，使活体原料"醉"熟成菜的冷菜技法。　　　　　　　　　　　　　　　　　　　　　　　　　（　　）

59. 醉是以酒和盐作为主要调味料浸泡原料的方法，醉料的酒一般是二锅头酒和绍兴料酒。　　　　　　　　　　　　　　　　　　　　　　　　　　　　　　　　（　　）

60. 大翻锅操作主要是应用腕力。　　　　　　　　　　　　　　　　　　　（　　）

61. 制作大煮干丝时为了干丝的绵软口感，干丝在煮制前要经过3次冷水浸泡和3次开水浸泡。　　　　　　　　　　　　　　　　　　　　　　　　　　　　　　（　　）

二、单项选择题（下列每题有4个选项，其中只有1个是正确的，请将其代号填写在横线空白处）

1. 通常可将明火加热的燃料分为_____三种。
　　A. 煤油、柴油、天然气　　　　　B. 固态、液态、气态
　　C. 柴油、煤、燃气　　　　　　　D. 无烟煤、天然气、煤制气

2. 在厨房中多以_____作为固态燃料。
　　A. 柴　　　　　　　　　　　　　B. 木炭
　　C. 煤　　　　　　　　　　　　　D. 天然气

3. 在厨房中多以_____作为液态燃料。
   A. 煤油   B. 酒精
   C. 汽油   D. 柴油

4. 在厨房中多以_____作为气态燃料。
   A. 液化石油气   B. 沼气
   C. 沼气和天然气   D. 天然气

5. 现代厨房中已将_____淘汰。
   A. 柴油灶   B. 煤灶
   C. 燃气灶   D. 燃油灶

6. 现代厨房中常用的明火加热设备有：煤灶、煤气灶、液化石油气、_____。
   A. 柴油灶   B. 土灶
   C. 柴灶   D. 汽油灶

7. 柴油是石油的加工品，由石油分馏而得，主要由_____个碳原子的烷烃组成，是一种液态燃料，其燃烧值为 37 700～38 900 kJ/kg。
   A. 20～22   B. 15～18
   C. 16～20   D. 18～28

8. 液化石油气是一种优质燃料，着火点低，液态热值在_____ kJ/kg，气态可达 83 680 kJ/kg，温度可达 1 212℃，具有煤气的优点，又比煤气好。
   A. 56 000   B. 60 000
   C. 46 000   D. 80 000

9. 煤气是由煤炭干馏而获得的，是一种气态燃料，主要化学成分有氢、氧气、一氧化碳、二氧化碳、氮气、甲烷、不饱和烃（主要是乙烯）和_____。
   A. 不饱和水蒸气   B. 水蒸气
   C. 气态水   D. 饱和水蒸气

10. 煤气中可燃成分达90%以上，其中氢气占_____。
    A. 50%～55%   B. 60%～75%
    C. 80%～95%   D. 40%～65%

11. 现代家庭、饭店中多以_____做加热燃料，使用起来非常方便与容易，并且干净、卫生、无粉尘。
    A. 沼气   B. 煤气
    C. 柴油   D. 煤油

12. 电灶是通电后将电能直接转化为_____的装置。

A. 热能   B. 光能

C. 微波   D. 电磁波

13. 电灶中的电炸炉、电扒炉、电法兰板都有通电开关、温控器和定时器，这样操作起来十分方便有效，同时又_____。

A. 卫生环保   B. 省电节能

C. 环保节能   D. 安全卫生

14. 电磁灶加热一般有开关和强弱调节杆，非常安全和方便，_____等物放在上面不能被加热。

A. 手、纸   B. 手、薄金属片

C. 铝制器皿   D. 不锈钢容器

15. 电磁灶是一种新型炊具，主要是利用通电后产生的高频交变磁场，形成_____来加热金属锅。

A. 磁通感应   B. 离心感应

C. 微波感应   D. 电磁感应

16. 电磁灶是一种新型炊具，为了达到最高加热效率，锅与灶接触要_____。

A. 面积大   B. 面积小

C. 面积大小一样   D. 有间隙

17. 一般电磁灶与锅之间的距离超过_____，电磁灶将停止工作。

A. 6 cm   B. 1 mm

C. 6 mm   D. 1 cm

18. 在实际加热中，常用波长为_____的红外线进行加热。

A. 1.4～3 μm B. 2～25 μm

C. 0.78～1.4 μm D. 3 μm～1 mm

19. 为提高加热效率，远红外线烤炉一般都做成_____装置。

A. 半密封   B. 不密封

C. 开放式   D. 密封

20. 微波加热是利用食物中的水分，水是一种极性分子，如果_____，水分子运动就加快，摩擦热产生的就越多。

A. 电量增加   B. 频率增加

C. 电压增加   D. 频率调整

21. _____的目的和作用是：清除或杀死食物中的病菌，促进食物被人体消化吸收，改善菜肴风味。

A. 加热 B. 水煮
C. 清蒸 D. 油炸

22. 对高湿度的冷冻食物通常采用_____微波解冻。
A. 高功率 B. 中功率
C. 低功率 D. 任何功率

23. 烹饪加热对有效利用食物的营养价值起到重要的_____。
A. 辅助作用 B. 决定作用
C. 相辅相成的作用 D. 纽带作用

24. 蛋白质在水中加热会发生变性，甚至凝固，由于加热破坏了蛋白质的次级键，使蛋白质易被_____水解。
A. 醋 B. 酶
C. 酒精 D. 盐

25. 牛肉食品的熟度可以通过原料血色的变化来判断，如半熟的牛肉中心颜色为_____。
A. 浅灰色 B. 玫瑰色
C. 浅粉红色 D. 红色

26. 牛肉食品的熟度可以通过原料血色的变化来判断，如中熟的牛肉中心颜色为_____。
A. 浅灰色 B. 玫瑰色
C. 浅粉红色 D. 红色

27. 牛肉食品的熟度可以通过原料血色的变化来判断，如全熟的牛肉中心颜色为_____。
A. 浅灰褐色 B. 玫瑰色
C. 浅粉红色 D. 红色

28. 牛肉食品的熟度可以通过测定原料的中心温度来判断，如全熟的牛肉中心温度为_____。
A. 60℃ B. 70℃
C. 80℃ D. 100℃

29. 牛肉食品的熟度可以通过测定原料的中心温度来判断，如中熟的牛肉中心温度为_____。
A. 60℃ B. 70℃
C. 80℃ D. 100℃

30. 牛肉食品的熟度可以通过测定原料的中心温度来判断，如半熟的牛肉中心温度为_____。

　　A. 60℃　　　　　　　　　　B. 70℃

　　C. 80℃　　　　　　　　　　D. 100℃

31. 下列烹调方法中，鸡蛋被人体消化利用率最高的是_____。

　　A. 生吃　　　　　　　　　　B. 炒制

　　C. 带壳煮制　　　　　　　　D. 去壳煮制

32. 鸡蛋经炒制后被人体消化利用率大约为_____。

　　A. 30%～50%　　　　　　　B. 100%

　　C. 97%　　　　　　　　　　D. 82.5%

33. 熬粥时表面那层黏性的膜状物是由淀粉分解产生的_____。

　　A. 葡萄糖　　　　　　　　　B. 果糖

　　C. 蔗糖　　　　　　　　　　D. 糊精

34. 土豆、山芋等原料在烘烤时出现的焦皮是由淀粉分解产生的_____。

　　A. 葡萄糖　　　　　　　　　B. 果糖

　　C. 蔗糖　　　　　　　　　　D. 糊精

35. 预熟处理时，既要保证细菌被杀死，不对人体构成危害，又要保证食物的嫩度，通常预熟处理的温度区间为_____。

　　A. 30℃以上　　　　　　　　B. 60℃以上

　　C. 90℃以上　　　　　　　　D. 50℃以上

36. 水预熟处理的方法有冷水预熟处理法和_____。

　　A. 冰水预熟处理法　　　　　B. 沸水预熟处理法

　　C. 水浸预熟处理法　　　　　D. 温水预熟处理法

37. 水预熟法对一般蔬菜原料、味清鲜的原料选择_____。

　　A. 温水锅　　　　　　　　　B. 热水锅

　　C. 沸水锅　　　　　　　　　D. 冷水锅

38. 水预熟法对动物性原料、味重的原料选择_____。

　　A. 温水锅　　　　　　　　　B. 开水锅

　　C. 热油锅　　　　　　　　　D. 冷水锅

39. 水预熟处理法应注意无色与有色、无味与有味、荤与素在水加热时的关系，一般先加热无色、无味、素的原料，再加热有色、有味、荤的原料，以_____。

　　A. 讲究效率、节约能源　　　B. 分别对待

C. 保证味道不混合 D. 防止混色、混味

40. 水预熟处理法应注意营养、风味的变化，尽可能_____。
   A. 煮至软烂 B. 不过度加热
   C. 使原料味道互相渗透 D. 使味道浓郁

41. 翻勺一般有大翻和_____两种。
   A. 颠翻 B. 小翻
   C. 前翻 D. 后翻

42. 翻勺一般有大翻和小翻两种，这两种方法中又有_____两种形式。
   A. 前翻与后翻 B. 左翻与右翻
   C. 左前翻与右前翻 D. 颠翻与颠炒

43. 翻勺一般有大翻和小翻两种，在这两种方法中又有前翻与后翻两种形式，其中以_____。
   A. 小翻为主 B. 后翻为主
   C. 前翻后翻接替进行 D. 前翻为主

44. 翻勺一般是以左手握勺，手心转右向上，贴住勺柄，拇指放在勺柄上面，然后握住勺柄，握力要适中，不要过分用力，以_____为准。
   A. 握得牢靠 B. 握住、握牢、握稳
   C. 不握死把 D. 轻握、轻拿

45. 烹调方法根据传热介质划分可分为：水为介质的烹调方法、油为介质的烹调方法、_____。
   A. 电为介质的烹调方法 B. 空气为介质的烹调方法
   C. 气传热法 D. 混合气为介质的烹调方法

46. 油传热成熟法分为纯油传热成熟法和_____。
   A. 单导热成熟法 B. 油气结合成熟法
   C. 双导热成熟法 D. 油水结合成熟法

47. 热蒸汽传热方式中，放汽蒸属于_____状态的蒸汽传热。
   A. 非饱和 B. 全饱和
   C. 饱和 D. 平常

48. 热蒸汽传热方式中，足汽蒸属于_____状态的蒸汽传热。
   A. 过饱和 B. 饱和或过饱和
   C. 饱和 D. 半饱和或全饱和

49. 应用热蒸汽传热方式时，对质嫩、蓉泥、蛋制品的加热多用_____。

A. 放汽蒸 B. 足汽蒸
C. 二次蒸 D. 持久蒸

50. _____就是将原料经过快速加热，翻拌均匀成熟的加工方法。
   A. 炒 B. 油爆
   C. 酱爆 D. 芫爆

51. _____是菜肴制作中较快的一种方法，是中国烹调中的特色方法之一。
   A. 炸 B. 炒法
   C. 熘法 D. 软熘

52. 炒对于动物性原料来说一般要上浆，成熟后还要_____。
   A. 滑油 B. 调味
   C. 勾芡 D. 油淋

53. 炒法依_____、油量大小可分为滑炒、煸炒和爆炒三种。
   A. 水量多少 B. 油类品种
   C. 原料多少 D. 油温高低

54. 对于植物性原料来说，炒法一般不要_____，成熟后不要勾芡。
   A. 加酱油 B. 加深色调料
   C. 上浆 D. 挂糊

55. 煎实际上属于一种特殊的炸法，是将原料用少量油加热，至原料两面_____的加工方法。
   A. 金黄而成熟 B. 金黄
   C. 焦黄而成熟 D. 成熟

56. 煎法的菜肴适用于_____的原料，因而多加热原料两面使之成熟。
   A. 鱼扇形 B. 扁平状或加工成扁平状
   C. 中型 D. 大薄片形

57. 由于煎法的油温并不低，加热中原料表面的水分易汽化，所以可以形成_____的口感。
   A. 香脆 B. 金黄酥香
   C. 外脆里嫩 D. 鲜嫩

58. 煎法一定要_____，这样是为了防止原料粘锅。
   A. 冷锅冷油 B. 冷锅热油
   C. 热锅热油 D. 热锅冷油

59. 煎法可以不需要挂糊，主要突出原料外表的焦香，行业称为"_____"。

A. 软煎 B. 煎烤
C. 香煎 D. 软炸

60. 菜肴需要拍粉或挂糊，以保护原料内部水分不外渗，使外表起脆，但糊不能太多、太厚，行业称为_____。

A. 脆煎法 B. "脆煎"或"干煎"
C. 煎炸法 D. 干煎法

61. 一般煮的水温控制在_____。

A. 100℃ B. 90℃
C. 95℃ D. 103℃

62. 一般煮的加热时间为_____之内。

A. 60 min B. 30 min
C. 5 min D. 10 min

63. 一般煮菜的成菜汤宽，_____，基本方法与烧较类似，只是最终的汤汁量比烧的多。

A. 可以勾薄芡 B. 不要加酱油
C. 不要勾芡 D. 可以勾芡

64. _____就是将原料放入水中，用大火加热至水沸，改中火加热使原料成熟的加热方法。

A. 烧 B. 氽
C. 卤 D. 煮

65. 煮的方法运用到冷菜制作中，就成为常用的_____。

A. 白煮和卤 B. 白煮
C. 卤 D. 酒醉

66. 与热菜加热法一样，白煮相当于_____。

A. 卤 B. 水煮
C. 清煮 D. 小煮

67. 氽比任何水加热的时间都_____。

A. 短 B. 长
C. 熟得慢 D. 合适

68. 使用氽法加工的原料形状都是_____。

A. 片形的 B. 小型的
C. 整料 D. 丝状的

69. 氽是将原料入_____中加热，短时间使原料成熟的加工方法。
    A. 温油　　　　　　　　　　B. 落开的水
    C. 沸水　　　　　　　　　　D. 热汤

70. 氽根据介质的不同可分为_____。
    A. 水氽和油氽　　　　　　　B. 水爆和油氽
    C. 水氽和汤氽　　　　　　　D. 汤氽和水爆

71. 水氽实际是用水温_____的清水氽熟。
    A. 90～100℃　　　　　　　　B. 95℃以上
    C. 90～103℃　　　　　　　　D. 100℃以上

72. 汤氽是将汤_____，直接将原料氽入汤中成菜。
    A. 烧热后　　　　　　　　　B. 烧沸后
    C. 煮好后　　　　　　　　　D. 加入少许油烧开后

73. _____加热过程中的油温一般控制在120℃以内。
    A. 低温油炸法　　　　　　　B. 高丽炸法
    C. 清炸法　　　　　　　　　D. 卷包炸法

74. 低温油炸法在加热前一般_____。
    A. 先挂糊　　　　　　　　　B. 不挂糊、拍粉
    C. 用净料入锅　　　　　　　D. 挂糊拍粉后下锅

75. 低温油炸法在加热前一般有_____。
    A. 脆皮糊　　　　　　　　　B. 发粉糊
    C. 发蛋糊和纸包　　　　　　D. 蛋泡糊沾面包渣

76. _____是将原料投入多油量的油锅中，经两次加热使原料成熟的加工方法。
    A. 中温油炸法　　　　　　　B. 二次油炸法
    C. 重油油炸法　　　　　　　D. 高温油炸法

77. 高温油炸法的油温中，一种是中温_____将原料加热成熟。
    A. 90～140℃　　　　　　　　B. 120～140℃
    C. 100～140℃　　　　　　　D. 0～160℃

78. 高温油炸法的油温中，一种是高温_____将原料加热至脆。
    A. 110～160℃　　　　　　　B. 140～180℃
    C. 100～140℃　　　　　　　D. 90～160℃

79. 冷菜烹制分冷制冷菜和_____冷菜两大类。
    A. 温拌　　　　　　　　　　B. 热制

C. 水泡   D. 酱制

80. 所谓冷制冷菜就是不经加热直接_____的冷菜,如凉拌、生炝、醉等。
    A. 切配调用   B. 拌制食用
    C. 调味食用   D. 凉拌食用

81. 冷制冷食类菜品都是不经加热处理的,调味后直接装盘上桌,因此对_____要求特别高。
    A. 卫生   B. 口味
    C. 色彩搭配   D. 营养

82. 冷制冷食类菜品在调味时以_____。
    A. 咸鲜为主   B. 麻辣味较多
    C. 清淡为主   D. 炝制味为主

83. 冷制冷食类菜品在使用调味品时_____深色调味品。
    A. 少量运用   B. 随意使用
    C. 宜用   D. 慎用

84. 凉拌技法的关键在于_____。
    A. 选料   B. 切配均匀、拌制迅速
    C. 调制和运用味汁   D. 下料准、动作快

85. 凉拌菜直接调汁重点是掌握好_____,使之既有综合味又有原料的本味。
    A. 调制汁的颜色   B. 汁的量
    C. 各种调料的比例   D. 醋的运用

86. 凉拌菜调汁在锅内加热混合调制时,主要是掌握好_____,使味汁的滋味融合恰到好处。
    A. 下入调料的量   B. 下入调料后的加热时间
    C. 下入调料后要用小火加热   D. 下入调料的次序和加热时间

87. 所谓泡是以时鲜蔬果为原料,投入_____中浸泡成菜的方法。
    A. 经调制好的卤汁   B. 经发酵的卤汁
    C. 经发酵的料   D. 盐卤

88. 甜酸味的卤汁主要由白糖、白醋、盐、_____等加水熬成。
    A. 花椒、辣椒   B. 香叶
    C. 花椒   D. 大料、花椒

89. 盛装甜酸味卤汁的盛器要求是_____。
    A. 铝制品   B. 不锈钢制品

C. 陶制品 D. 铜制品

90. 用来泡制的原料应新鲜，含有较多的水分，这样泡出的菜才会具有_____。
    A. 新鲜的口感 B. 酸辣可口的口感
    C. 生脆的质感 D. 脆嫩爽口的质感

91. 泡制的蔬果应洗涤干净，并沥干水分，不可将生水带入泡菜卤中，否则易使_____甚至变质。
    A. 卤变浑 B. 菜变色
    C. 卤汤发黏 D. 卤汁发酵

92. 泡菜的_____是一门学问，是制作泡菜最关键的环节。
    A. 制作方法 B. 切配
    C. 装盘 D. 卤汁管理

93. 春笋最适合_____预熟处理方法。
    A. 冷水 B. 热水
    C. 温油 D. 热油

94. 猪肠最适合_____预熟处理方法。
    A. 热油 B. 热水
    C. 温油 D. 冷水

95. 萝卜最适合_____预熟处理方法。
    A. 冷水 B. 热水
    C. 温油 D. 热油

96. 羊肉最适合_____预熟处理方法。
    A. 热油 B. 热水
    C. 温油 D. 冷水

97. 下列适合用冷水预熟处理加工的原料是_____。
    A. 青菜 B. 豌豆苗
    C. 鸡肉 D. 鲜冬笋

98. 下列适合用沸水预熟处理加工的原料是_____。
    A. 青菜 B. 牛肉
    C. 猪肚 D. 鲜冬笋

99. 一般说来，食物细菌旺盛区域为_____，烹饪加工的各个环节应该避开这个区域。
    A. 0～60℃ B. 4～60℃

    C. −5～4℃ D. 71～82℃

100. 熏制属于_____烹调方法。
    A. 热蒸汽传热 B. 热空气传热
    C. 热油传热 D. 热水传热

101. 宫保鸡丁属于_____烹调方法。
    A. 爆炒 B. 滑炒
    C. 煸炒 D. 炸

102. 鱼香肉丝属于_____烹调方法。
    A. 爆炒 B. 滑炒
    C. 煸炒 D. 炸

103. 煸炒与爆炒最根本的区别在于_____。
    A. 是否勾芡 B. 是否上浆
    C. 油量多少 D. 是否挂糊

104. 从烹饪实际操作来讲，_____是勺功的关键。
    A. 握勺 B. 出勺
    C. 翻勺 D. 端勺

105. 菜心焯水时应加入_____，以增加菜心的光泽。
    A. 油 B. 碱
    C. 醋 D. 糖

106. 香酥鸡在蒸制前需要用力将鸡胸骨撅断，目的是_____。
    A. 便于入味 B. 便于成熟
    C. 便于放调料 D. 为了形体完整

107. 香酥鸡在炸制前需要在鸡表层刷涂_____，才能使炸制后色泽金黄。
    A. 饴糖 B. 冰糖
    C. 蔗糖 D. 方糖

108. 回锅肉采用了_____烹调方法。
    A. 焦炒 B. 热炒
    C. 煸炒 D. 熟炒

109. 回锅肉宜选用猪的_____来制作。
    A. 里脊肉 B. 臀尖肉
    C. 五花肉 D. 上脑肉

110. 粉蒸肉宜选用_____来制作。

A. 淀粉　　　　　　　　B. 米粉

C. 面粉　　　　　　　　D. 五香粉

111. 脆皮鸡为了成菜的色泽和质感，炸制油温应为_____。

A. 3～4 成　　　　　　B. 6～7 成

C. 8～9 成　　　　　　D. 1～2 成

112. 清蒸武昌鱼在蒸制时，为了达到味美鱼鲜，一般蒸制_____ min。

A. 10　　　　　　　　B. 15

C. 20　　　　　　　　D. 3

参考答案及说明

一、判断题

1. ×。煤灶一般分吸风灶和鼓风灶两种。

2. ×。煤气是由煤炭干馏而获得的。

3. √。

4. √。

5. ×。柴油炒灶一般配鼓风机。

6. ×。风量的比例也要掌握好，不可随意调节。

7. √。

8. ×。食物中的水分、蛋白质、脂肪、碳水化合物等都是电介质，易在电磁场中产生极化现象。微波的加热正是利用了这一原理。

9. ×。它们的共同点是使用管道提供的蒸汽。

10. ×。波长为 0.78～1 000 μm 之间的电磁波称为红外线。

11. ×。电磁灶是一种新型炊具，主要是利用通电后产生的高频交变磁场，形成电磁感应来加热金属锅。

12. ×。对于高湿度的冷冻食物，应采用低功率微波解冻，高功率解冻易造成受热不均。

13. √。

14. ×。远红外线波长为 3 μm～1 mm，实际加热中常用波长为 2～25 μm 的红外线。

15. ×。高压蒸汽的量不应超过锅上所配置的压力表的最高值，以防止产生危险。

16. ×。淀粉（多糖）在水中加热会发生糊化或水解。

17. ×。糊化的淀粉易于消化。

18. √。

19. √。

20. √。

21. √。

22. ×。沸水能使动物性原料保持嫩度。

23. ×。大型的动物性原料在水中缓慢加热,可以使内部的腥膻异味随血水溶出有更多的扩散时间;若开始就用沸水,将会使原料外部的蛋白质凝固,形成阻碍,内部的血水将不易排出。

24. ×。做大翻勺菜前,应先把勺放在火上烧热,然后稍放些油烧沸。

25. ×。大翻前,把勺内菜肴转动几次,再淋少许热油,增强润滑度,然后再进行大翻。

26. √。

27. √。

28. ×。蒸汽传热法不包括熏蒸。

29. ×。另一个温度区是100℃以下,不是80℃以下。

30. ×。水传热法中水的最高温度是100℃。

31. √。

32. ×。生的植物性原料的煸炒,既不上浆也不勾芡。

33. ×。爆炒必须要勾芡。

34. √。

35. √。

36. ×。煎法的菜肴适用于扁平状或加工成扁平状的原料。

37. √。

38. ×。卤煮重汤的保存。

39. √。

40. ×。应为有些较嫩的原料可以上浆后再氽。

41. √。

42. ×。实际沸腾时汤温会略高于100℃。

43. √。

44. ×。初炸的温度不能过高。

45. ×。食物加热应避免200℃以上的高温,200℃以上即会产生一些有害物质。

46. √。

47. √。

48. ×。热制冷菜的口味比一般热菜要重。

49. √。

50. ×。凉拌是将加工处理的新鲜生料切成细薄小料码入盘内。

51. √。

52. √。

53. ×。凉拌技法最适宜现拌现吃,否则难以保证拌菜的品质和特色。

54. ×。这种炝制法称为"活炝"。

55. ×。酸味来自于生成的乳酸菌。

56. ×。冷制冷菜中的腌的选料以脆嫩的植物性原料为主,如萝卜、莴苣、白菜等。

57. √。

58. √。

59. ×。醉料的酒一般是优质白酒和绍兴料酒。

60. ×。大翻锅操作时,既要用腕力,也要用臂力,否则菜肴将翻不过来。

61. ×。制作大煮干丝时,干丝在煮制前需要浸泡,主要是为了去除干丝中的豆腥味。

二、单项选择题

1. B。煤油、柴油、燃气、天然气、无烟煤等都属于具体的燃料形态,不能概括全貌。

2. C。

3. D。煤油、酒精、汽油易挥发易燃,安全系数低,厨房很少使用。

4. A。沼气生产需要特殊的设备,费时费力,用起来很不方便;天然气普及面不够广,不是每个城市、地区、乡镇都有的。

5. B。煤灶一般分吸风灶和鼓风灶两种,是过去饮食业中常用的炊具,使用起来并不方便,需要生火、添煤、封炉等多道工序,调节起来也不容易,同时卫生状况不佳;所以现代厨房中已将其淘汰。

6. A。土灶和柴灶卫生状况差,一般不在厨房中使用;汽油易挥发且易燃不安全,在厨房中也不常用。

7. B。

8. C。

9. D。

10. A。

11. B。沼气不方便;煤油和柴油污染大,操作不方便,噪声大。

12. A。微波炉和电磁炉是将电能转化为电磁波,通过电磁波来加热的装置,电灶不能将电能转化为光能。

13. D。通电开关、温控器、定时器对设备安全使用起到保障作用。

14. A。金属、铝制品、不锈钢容器属于传热物品。

15. D。电磁感应不断变化的磁场,使金属锅的磁向在瞬间产生改变(高频达 25 kHz),改变的结果使电子发生摩擦而生热。

16. A。锅与灶的接触面积(垂直方向)越大,磁通量就越多,导热就越快。另外,锅底尽可能不要与加热板之间形成间隙。

17. C。

18. B。

19. D。密封装置便于波的反射,使食物能吸收更多的电磁波,提高加热效率。

20. B。对于微波加热装置来说,增加电量和电压不会改变电磁场的强度,因此水分子的运动就不会加快。

21. A。水煮、清蒸、油炸都必须要加热。

22. C。在冰解过程中,只要产生了几滴水,微波功率就首先集中消耗在液态水中,结果造成加热不均匀,所以高湿度的冷冻食物,通常采用低功率微波解冻。

23. A。食物营养价值主要由原料本身决定,加热只能使原料的营养易被人体吸收,因此起到辅助作用。

24. B。

25. B。

26. C。

27. A。

28. C。

29. B。

30. A。

31. C。

32. C。鸡蛋未烹生食消化率为 30%~50%;经烹调后,去壳煮半熟消化率为 82.5%;搅拌炒消化率为 97%;经低温炸消化率为 98.5%;带壳煮熟消化率为 100%。

33. D。加热可使原料中淀粉分解为麦芽糖或葡萄糖的中间产物——糊精。

34. D。

35. B。60℃以下细菌不能被杀死。

36. B。

37. C。

38. D。温水锅和开水锅易使动物性原料出现外表的蛋白质突然变性凝固现象,不利于异味的排除,热油锅和题干不相符。

39. A。讲究效率、节约能源这是最主要的目的。

40. B。煮至软烂，营养损失过多，也不便以后的烹调；使原料味道互相渗透、使原料味道浓郁这是烹调时所要达到的效果。

41. B。翻锅有大翻和小翻两种，颠翻、前翻、后翻都属于这两种的具体形式。

42. A。

43. D。在烹饪实际操作过程中，一般情况都以前翻为主。

44. B。

45. C。空气、混合气只能作为气传热介质中的一种。电则是能量的来源不是传热介质。

46. D。

47. A。放汽蒸、二次蒸、多次蒸，这些都属于非饱和状态蒸汽传热。

48. B。长时间蒸、持久蒸也可以是非过饱和蒸。

49. A。

50. A。

51. B。

52. C。这是炒的技术特征。

53. D。

54. C。只有动物性原料才能上浆。

55. A。

56. B。鱼扇形、大薄片形都属于扁平状，中型原料厚度过大不经过加工无法煎制。

57. C。

58. D。

59. A。软炸需要挂糊，煎烤与题干不符，香煎需要挂糊或拍粉。

60. B。

61. A。常温常压下开水的最高温度为100℃。

62. B。时间较短原料不易成熟，时间过长易使原料煮烂破碎。

63. C。煮菜类不要勾芡，可以加有色调味品。

64. D。烧是将原料放在调好的汁中加热成熟，氽是将原料放在烧沸的水中加热，卤是将原料放入调好的卤汁中。

65. A。

66. C。

67. A。

68. B。小型的原料易于成熟，丝状的、片形的均属小型原料。

69. C。

70. C。根据汆的定义不存在油汆,爆和汆是两个不同的概念。

71. A。

72. B。汤烧沸后才易使原料短时间成熟。

73. A。高丽炸用100℃的油温,清炸、卷包炸用高温油。

74. B。拍粉必须是中油温入锅,才能不脱糊。

75. C。蛋泡糊沾面包渣、脆皮糊、发粉糊是中高油温。

76. D。

77. A。

78. B。

79. B。

80. C。

81. A。冷制类菜肴易受人体、刀具、砧板、餐具、空气等外界因素污染,所以对卫生要求特别高。

82. C。清淡是冷菜的一大特色。

83. D。冷制冷食类菜品慎用深色调味品主要是为了达到冷菜清淡爽脆的风格。

84. C。

85. C。调制汁的颜色、汁的量在凉拌菜中并不是重点,味道的关键在于各种调料的配比。有的凉拌菜不必要加醋,因此醋的运用不是关键。

86. D。调料的次序和加热时间对汁的口味起决定性作用。

87. A。经发酵的卤汁会破坏蔬果,而且对人体有害。盐卤不能食用,生食对人体有害。

88. B。如果加辣椒、花椒其卤汁就不是甜酸味了。

89. C。甜酸味卤汁的主要用料是白糖、白醋等,白醋中的醋酸与铝、钢、铜易发生化学反应使容器损坏,并产生对人体有害的物质。

90. D。含有较多水分的原料做成泡菜后才能有脆嫩爽口的质感。

91. A。生水在卤中发生化学反应,易破坏卤汁。

92. D。卤汁管理是制作泡菜最关键的学问,制作方法、切配、装盘只是技术。

93. A。春笋中含有苦涩的不良异味,必须通过缓慢加热将不良气味溶出或转化。

94. D。猪肠中有腥臊异味,必须通过缓慢加热将不良气味溶出;若开始就用沸水将会使原料外部的蛋白质凝固,形成阻碍,内部的血水将不易排出。

95. A。萝卜中含有苦涩的不良异味,必须通过缓慢加热将不良气味溶出或转化。

96. D。羊肉中有腥膻异味,必须通过缓慢加热将不良气味溶出。

97. D。鲜冬笋中含有苦涩的不良异味，必须通过缓慢加热将不良气味溶出或转化；而青菜、豌豆苗、鸡肉无异味，一般采用沸水预熟处理保色保嫩。

98. A。牛肉、猪肚、鲜冬笋中含有腥膻或苦涩的不良异味，必须通过冷水预熟处理缓慢加热将不良气味溶出或转化，而青菜一般用沸水预熟处理保色保嫩。

99. B。当食物处在71~82℃以上或4℃以下时，细菌的活动将被抑制不旺盛。

100. B。

101. C。宫保鸡丁上浆后放入少量的油中炒，断生不换锅直接调味并需要勾芡，是煸炒的特点。

102. C。

103. C。煸炒油量少，爆炒油量多，煸炒和爆炒都需上浆、勾芡，均不挂糊。

104. C。翻勺伴随菜肴制作的全过程，影响菜肴的受热均匀和调味均匀，因此是勺功的关键。

105. A。碱和醋会破坏菜心的绿色，少量的油可以在菜心表面形成保护层，防止叶绿素被空气氧化变色。

106. D。将鸡胸骨揿断是为了防止蒸时胸骨突起扎破皮肉，使形体完整。

107. A。原料表面涂抹饴糖，经高温后，麦芽糖与原料中的蛋白质、氨基酸发生美拉德反应产生鲜艳红亮的效果。

108. D。制作回锅肉时是先将猪肉煮成8成熟再切片炒制，因此属于熟炒。

109. C。

110. B。

111. B。火力太旺会使鸡皮变黑；火力太小，鸡皮不脆，也不上色。

112. A。必须控制好时间及时下屉，切忌蒸得过长，以免鱼肉发木变老而失去鲜嫩特色。

第二部分　初级操作技能鉴定指导

考 核 要 点

操作技能考核范围	考核要点	重要程度
原料初加工	鲜活原料初加工	掌握
	干货原料涨发	熟悉
刀工技法	基本料形加工	掌握
冷拼工艺	一般冷菜拼摆	掌握
菜肴制作	油导热法热菜制作	掌握
	水导热法热菜制作	掌握
	冷菜制作	熟悉

重点复习提示

一、鲜活原料初加工

掌握叶菜类原料的洗涤方法。掌握禽类原料的开膛及使用特点。掌握禽类原料油脂的加工。掌握蔬菜加工时如何保存营养。

二、干货原料涨发

掌握水涨发的概念和水涨发的方法。掌握碱面涨发的方法和特点。掌握热水涨发的流程和应用范围。

三、基本料形加工

掌握土豆丝、生姜丝、莴苣丝、百叶丝、榨菜丝和夹刀片的刀法及成形方法。

四、一般冷菜拼摆

掌握馒头形、桥式、扇形、对拼、三色排拼和四色排拼等一般冷菜的拼摆方法。

五、油导热法热菜制作

掌握滑炒里脊、滑炒鱼丁、芫爆肉片、鱼香肉丝、京酱肉丝、咕噜肉等油导热法热菜的制作方法。

六、水导热法热菜制作

掌握榨菜肉丝汤、红烧鲫鱼、麻婆豆腐、氽鸡片等水导热法热菜的制作方法。

七、冷菜制作

掌握凉拌大白菜丝、凉拌萝卜丝、温拌鱼片等冷菜的制作方法。

辅导练习题

一、笔试题

【试题1】简述叶菜类原料的洗涤方法。
【试题2】简述禽类原料的开膛及使用特点。
【试题3】简述禽类原料油脂的加工。
【试题4】简述蔬菜加工时如何保存营养。
【试题5】简述水涨发的概念。
【试题6】简述碱面涨发的方法和特点。
【试题7】简述水涨发的方法。
【试题8】简述热水涨发的流程和应用范围。

二、实际操作题

（一）基本料形加工

【说明】基本料形加工主要包括土豆丝、生姜丝、莴苣丝、百叶丝、夹刀片和榨菜丝等刀工形式，考核其中一种形式。这些试题在考核要求否定项、器具准备、考核时限、评分项目及标准方面基本一致，仅在考生自备原料品种、具体考核要求方面存在差异。现列出各试题要求的相同内容，不同内容在各试题中列出。

1. 考核要求否定项
（1）操作过程中使用未经许可、已预先进行成形处理过的原料。

(2) 使用模具直接刻制成形的。

(3) 刀法使用错误,成形完全不符合规定要求。

若考生发生以上情况之一,则应及时终止其考试,该试题成绩记为零分。

2. 器具准备

序号	名称	规格	单位	数量	备注
1	操作台(不锈钢台面)		张	1	考场统一提供
2	砧板(菜墩)		块	1	考场统一提供
3	汤碗	10寸	只	1	考场统一提供
4	平盘	8寸	只	2	考场统一提供

备注:考生自带厨刀、工作服、工作帽、清洁布等。

3. 考核时限

完成本题操作基本时间为 5 min;每超过 1 min 从本题总分中扣除 10%,操作超过 3 min,本题零分。

4. 评分项目及标准

评分项目	评分要点	配分比重(%)	评分标准
原料切配成形	根据料形成形要求选择相应刀法,将原料加工成厚薄、粗细均匀的料形。	15	(1) 料形不均匀,掌握不准确,扣1分。 (2) 原料成形效果与标准不符,扣0.5~2分。 (3) 成形数量不符合规定要求,扣0.5~2分。 (4) 超时 1 min 扣 2 分,扣完 10 分为止。 以上各项累计扣分不超过 15 分。

【试题 1】土豆丝加工

1. 准备工作

考生自备土豆 200 g,可提前将土豆去皮清洗干净,但不能进行刀工处理。

2. 具体考核要求

(1) 根据刀工要求制作土豆丝,成品要求土豆丝长短一致、粗细均匀。

(2) 加工过程中不浪费原料,提交成品数量合理。

【试题 2】生姜丝加工

1. 准备工作

考生自备生姜 150 g,可提前将生姜去皮清洗干净,但不能进行刀工处理。

2. 具体考核要求

(1) 根据刀工的要求制作生姜丝,成品要求姜丝长短一致、粗细均匀。

(2) 加工过程中不浪费原料,提交成品数量合理。

【试题 3】莴苣丝加工

1. 准备工作

考生自备莴苣 350 g，可提前将莴苣去皮清洗干净，但不能进行刀工处理。

2. 具体考核要求

（1）根据刀工要求制作莴苣丝，成品要求莴苣丝长短一致、粗细均匀。

（2）加工过程中不浪费原料，提交成品数量合理。

【试题 4】百叶丝加工

1. 准备工作

考生自备百叶（千张）250 g，可提前将百叶清洗干净，但不能进行刀工处理。

2. 具体考核要求

（1）根据刀工要求制作百叶丝，成品要求百叶丝长短一致、粗细均匀。

（2）加工过程中不浪费原料，提交成品数量合理。

【试题 5】夹刀片加工

1. 准备工作

考生自备藕 250 g，可提前将藕去皮清洗干净，但不能进行刀工处理。

2. 具体考核要求

（1）根据刀工要求制作夹刀片，成品要求藕片两片相连、厚薄均匀、片形完整。

（2）加工过程中不浪费原料，提交成品数量合理。

【试题 6】榨菜丝加工

1. 准备工作

考生自备榨菜 250 g，可提前将榨菜清洗干净，但不能进行刀工处理。

2. 具体考核要求

（1）根据刀工要求制作榨菜丝，成品要求榨菜丝长短一致、粗细均匀。

（2）加工过程中不浪费原料，提交成品数量合理。

（二）一般冷菜拼摆

【说明】一般冷菜拼摆共包括馒头形、桥形、扇形、对拼、三色排拼和四色排拼 6 道试题，考生按照正确的方法在规定的时间内完成一款一般冷菜的拼摆。这些试题在考核要求否定项、器具准备、考核时限、评分项目及标准方面基本一致，仅在考生自备原料品种、考核具体要求方面存在差异。现列出各试题要求的相同内容，不同内容在各试题中列出。

1. 考核要求否定项

（1）使用未经许可的可直接用于拼摆的成形原料。

（2）在拼摆过程中使用不能食用的原料。

(3) 原料中添加人工色素或禁用的添加剂。

(4) 盛器污秽，影响食用安全的。

若考生发生以上情况之一，则应及时终止其考试，该试题成绩记为零分。

2. 器具准备

序号	名称	规格	单位	数量	备注
1	操作台（不锈钢台面）		张	1	考场统一提供
2	砧板		块	1	考场统一提供
3	炒锅		只	1	考场统一提供
4	漏勺		个	1	考场统一提供
5	炒勺		个	1	考场统一提供
6	汤碗	10寸	只	1	考场统一提供
7	平盘	10寸	只	1	考场统一提供
8	配菜盘	8寸	只	1	考场统一提供
9	炉灶（饭店用）	大火眼	台	1	考场统一提供

备注：考生自带厨刀、工作服、工作帽、清洁布等。

3. 考核时限

完成本题操作基本时间为 15 min；每超过 1 min 从本题总分中扣除 10%，操作超过 8 min，本题零分。

4. 评分项目及标准

评分项目	评分要点	配分比重（%）	评分标准及扣分
拼摆操作	根据菜肴要求选择相应的拼摆方法完成造型。	20	(1) 超时 1 min 扣 1 分，扣完 2 分为止。 (2) 刀工粗糙，刀面不整齐，造型不美观，扣 1~3 分。 (3) 色泽搭配不合理，扣 1~2 分。 (4) 结构布局不合理，造型不准确，扣 1~3 分。 (5) 菜肴口味不准确，扣 2 分。 (6) 菜肴分量达不到规定量 2/3 的，扣 5 分；达不到规定量 1/2 的，扣 10 分。 (7) 盛器不洁，扣 2~5 分。 以上各项累计扣分不得超过 20 分。

【试题1】馒头形冷菜的装盘

1. 准备工作

考生自备盐水鸭半只，不得提前进行直接用于拼摆的成形加工。点缀物品可以场外加工。

2. 具体考核要求

根据冷菜拼摆的要求，制作一款馒头形冷菜。成品要求刀工精细，料形厚薄一致，大小统一，排列整齐，装盘饱满。

【试题2】桥形冷菜的装盘

1. 准备工作

考生自备火腿肠两根，拼摆所用的原料为净料，不得进行直接用于拼摆的成形加工。点缀物品可以场外加工。

2. 具体考核要求

根据冷菜拼摆的要求，制作一款桥形冷菜。成品要求刀工精细，料形厚薄一致，大小统一，排列整齐，装盘饱满。

【试题3】扇形冷菜的装盘

1. 准备工作

考生自备冬笋800 g，拼摆所用的原料为净料，不得进行直接用于拼摆的成形加工。点缀物品可以场外加工。

2. 具体考核要求

根据冷菜拼摆的要求，制作一款扇形冷菜。成品要求刀工精细，料形厚薄一致，大小统一，排列整齐，装盘饱满。

【试题4】对拼冷菜的装盘

1. 准备工作

考生自备盐水鸭半只、黄瓜1根，拼摆所用的原料为净料，不得进行直接用于拼摆的成形加工。点缀物品可以场外加工。

2. 具体考核要求

根据冷菜拼摆的要求，制作一款对拼冷菜。成品要求刀工精细，料形厚薄一致，大小统一，排列整齐，装盘饱满。

【试题5】三色排拼的制作

1. 准备工作

考生自备盐水鸭半只、黄瓜1根、火腿肠1根，拼摆所用的原料为净料，不得进行直接用于拼摆的成形加工。点缀物品可以场外加工。

2. 具体考核要求

根据冷菜拼摆的要求，制作一款三色排拼。成品要求刀工精细，料形厚薄一致，大小统一，排列整齐，装盘饱满。

【试题6】四色排拼的制作

1. 准备工作

考生自备盐水鸭半只、黄瓜1根、火腿肠1根、胡萝卜1根，拼摆所用的原料为净料，不得进行直接用于拼摆的成形加工。点缀物品可以场外加工。

2. 具体考核要求

根据冷菜拼摆的要求，制作一款四色排拼。成品要求刀工精细，料形厚薄一致，大小统一，排列整齐，装盘饱满。

（三）油导热法热菜制作

【说明】油导热法热菜制作共包括6道试题。这些试题在考核要求否定项、器具准备、考核时限、评分项目及标准方面基本一致，仅在具体考核要求、主辅料及调味料准备方面存在差异。现列出各试题要求的相同内容，不同内容在各试题中列出。

1. 考核要求否定项

（1）使用变质原料的。

（2）切配过程中，加工方法完全不符合菜肴要求的。

（3）在加热过程中选择导热介质错误的。

（4）原料因失饪不熟或焦煳以致不能食用的。

（5）味太咸以致严重影响食用的。

（6）生熟不分或盛器污秽，影响食用安全的。

若考生发生以上情况之一，则应及时终止其考试，该试题成绩记为零分。

2. 器具准备

序号	名称	规格	单位	数量	备注
1	操作台（不锈钢台面）		张	1	考场统一提供
2	砧板（菜墩）		块	1	考场统一提供
3	炒锅		只	1	考场统一提供
4	炒勺、漏勺		套	1	考场统一提供
5	油桶、调料罐		套	1	考场统一提供
6	炉灶		台	1	考场统一提供
7	汤碗	10寸	只	1	考场统一提供
8	平盘	8寸	只	1	考场统一提供
9	配菜盘	8寸	只	1	考场统一提供

备注：考生自带厨刀、工作服、工作帽、清洁布等。

3. 考核时限

完成本题操作基本时间为20 min；每超过1 min从本题总分中扣除1分，操作超过20 min，本题零分。

4. 评分项目及标准

评分项目	评分要点	配分比重（%）	评分标准及扣分
主辅料的切配	根据菜肴要求选择相应的切配方法。时间 10 min。	10	(1) 超时 1 min 扣 1 分，1 min 以上扣 2 分。 (2) 刀法应用不准确，原料成形不符合标准，扣 1~3 分。 (3) 原料浪费较多，扣 1~2 分；原料浪费很多，扣 3~4 分。
原料的上浆与调味	根据菜肴要求选择相应的上浆、拍粉或挂糊方法，或对主辅料进行预制调味。时间 2 min。	5	(1) 超时 1 min 扣 1 分，扣完 1 分为止。 (2) 上浆或挂糊的粉汁过稀或过厚，扣 1~2 分。
烹制操作	根据菜肴的要求利用油导热法将切配后的原料烹制成菜。时间 8 min。	20	(1) 超时 1 min 扣 1 分，扣完 2 分为止。 (2) 成菜色泽过淡或过深，或搭配不和谐，扣 1~2 分。 (3) 菜肴芡汁过松或过紧以致结团，扣 1~2 分。 (4) 油温掌握不准确，质地不合要求，扣 1~2 分。 (5) 菜肴口味不足或过重，扣 1~3 分。 (6) 菜肴成形较差，扣 1 分，差扣 2 分，很差扣 3~4 分。 (7) 菜肴分量达不到规定量 2/3 的，扣 5 分；达不到规定量 1/2 的，扣 10 分。 以上各项累计扣分不得超过总分。

【试题 1】滑炒里脊

1. 具体考核要求

(1) 刀法应用准确，刀工精细，里脊丝长短粗细一致，成形符合标准。

(2) 原料搭配合理，上浆粉汁均匀，油温控制得当，调味准确。

(3) 成品白绿分明，色泽和谐，咸鲜醇和，芡汁均匀明亮。

(4) 盛器洁净，菜肴分量充足，造型饱满美观。

2. 主辅料及调味料准备

	名称	规格	单位	数量	备注
主辅料	里脊肉		g	250	考生自备或考场统一提供
	笋		g	50	考生自备或考场统一提供
	青椒		只	1	考生自备或考场统一提供
调味料	精炼油			适量	考场统一提供
	盐			适量	考场统一提供
	葱、姜			适量	考场统一提供
	味精			适量	考场统一提供
	料酒			适量	考场统一提供
	淀粉			适量	考场统一提供

【试题2】芫爆肉片

1. 考核要求

(1) 刀法应用准确,刀工精细,肉片厚薄均匀,成形符合标准。

(2) 原料搭配合理,上浆粉汁均匀,油温控制得当,调味准确。

(3) 成品色泽明亮,咸鲜醇和,芡汁均匀明亮。

(4) 盛器洁净,菜肴分量充足,造型饱满美观。

2. 主辅料及调味料准备

名称		规格	单位	数量	备注
主辅料	里脊肉		g	250	考生自备或考场统一提供
	芫荽茎		g	50	考生自备或考场统一提供
调味料	精炼油			适量	考场统一提供
	盐、白糖			适量	考场统一提供
	葱、姜、蒜			适量	考场统一提供
	味精、香醋			适量	考场统一提供
	料酒、酱油			适量	考场统一提供
	淀粉			适量	考场统一提供

【试题3】鱼香肉丝

1. 考核要求

(1) 刀法应用准确,刀工精细,里脊丝长短粗细一致,成形符合标准。

(2) 原料搭配合理,上浆粉汁均匀,油温控制得当,调味准确。

(3) 成品色泽红亮,酸甜咸鲜辣五味调和,芡汁均匀。

(4) 盛器洁净,菜肴分量充足,造型饱满美观。

2. 主辅料及调味料准备

名称		规格	单位	数量	备注
主辅料	里脊肉		g	250	考生自备或考场统一提供
	笋		g	50	考生自备或考场统一提供
	木耳		g	20	考生自备或考场统一提供
调味料	精炼油			适量	考场统一提供
	盐、酱油			适量	考场统一提供
	葱、姜、蒜			适量	考场统一提供
	糖、醋			适量	考场统一提供
	红泡椒			适量	考场统一提供
	淀粉、料酒			适量	考场统一提供

【试题4】京酱肉丝

1. 考核要求

(1) 刀法应用准确，刀工精细，里脊丝长短粗细一致，成形符合标准。

(2) 原料搭配合理，上浆粉汁均匀，油温控制得当，调味准确。

(3) 成品色泽红亮，酱香浓郁，芡汁均匀。

(4) 盛器洁净，菜肴分量充足，造型饱满美观。

2. 主辅料及调味料准备

名称		规格	单位	数量	备注
主辅料	里脊肉		g	250	考生自备或考场统一提供
	葱		g	100	考生自备或考场统一提供
	春卷皮		g	100	考生自备或考场统一提供
调味料	精炼油			适量	考场统一提供
	酱油、料酒			适量	考场统一提供
	葱、姜			适量	考场统一提供
	味精、糖、盐			适量	考场统一提供
	甜面酱			适量	考场统一提供
	淀粉			适量	考场统一提供

【试题5】滑炒鱼丁

1. 考核要求

(1) 刀法应用准确，刀工精细，鱼丁大小一致，成形符合标准。

(2) 原料搭配合理，上浆粉汁均匀，油温控制得当，调味准确。

(3) 成品白绿分明，色泽和谐，咸鲜醇和，鱼丁质地细嫩爽利，芡汁明亮。

(4) 盛器洁净，菜肴分量充足，造型饱满美观。

2. 主辅料及调味料准备

名称		规格	单位	数量	备注
主辅料	净鱼肉		g	250	考生自备或考场统一提供
	笋		g	50	考生自备或考场统一提供
	青椒		只	1	考生自备或考场统一提供
	鸡蛋清		g	20	考生自备或考场统一提供
调味料	精炼油			适量	考场统一提供
	盐、醋			适量	考场统一提供
	葱、姜			适量	考场统一提供
	味精			适量	考场统一提供
	料酒			适量	考场统一提供
	淀粉			适量	考场统一提供

【试题6】咕噜肉

1. 考核要求

（1）刀法应用准确，刀工精细，肉丁大小一致，成形符合标准。

（2）原料搭配合理，上浆粉汁均匀，油温控制得当，调味准确。

（3）成品色泽红亮，酸甜适口，芡汁均匀。

（4）盛器洁净，菜肴分量充足，造型饱满美观。

2. 主辅料及调味料准备

	名称	规格	单位	数量	备注
主辅料	猪后臀尖肉		g	250	考生自备或考场统一提供
	菠萝		g	100	考生自备或考场统一提供
	鸡蛋		只	1	考生自备或考场统一提供
调味料	精炼油			适量	考场统一提供
	盐、番茄酱			适量	考场统一提供
	葱、姜、蒜			适量	考场统一提供
	糖、醋、味精			适量	考场统一提供
	料酒			适量	考场统一提供
	淀粉			适量	考场统一提供

（四）水导热法热菜制作

【说明】水导热法热菜制作共包括4道试题。这些试题的考核要求否定项、器具准备、考核时限均与油导热法热菜制作一致，此处不再叙述。现列出水导热法热菜制作评分项目及标准，各试题具体考核要求、主辅料及调味料准备在各试题中列出。

水导热法热菜制作评分项目及标准

评分内容	评分要点	配分比重（%）	评分标准及扣分
主辅料的切配	根据菜肴要求选择相应的切配方法。时间8 min。	6	（1）超时1 min扣1分，1 min以上扣2分。 （2）刀法应用不准确，原料成形不符合标准，扣1～3分。 （3）原料浪费较多，扣1～2分；原料浪费很多，扣3～4分。
原料的预制或调配	根据菜肴要求选择相应的预制方法，或对主辅料进行调配、调味。时间4 min。	4	（1）超时1 min扣1分，扣完1分为止。 （2）预制或调配质量不合格，扣1～2分。

续表

评分内容	评分要点	配分比重（%）	评分标准及扣分
烹制操作	根据菜肴的要求利用水导热法烹制一道热菜。时间 8 min。	10	(1) 超时 1 min 扣 1 分，扣完 2 分为止。 (2) 成菜色泽过淡或过深，或搭配不和谐，扣 1~2 分。 (3) 菜肴芡汁过松或过紧以致结团，扣 1~2 分。 (4) 热处理不当，质地不合要求，扣 1~2 分。 (5) 菜肴口味不足或过重，扣 1~3 分。 (6) 菜肴成形较差扣 1 分，差扣 2 分，很差扣 3~4 分。 (7) 菜肴分量达不到规定量 2/3 的，扣 4 分；达不到规定量 1/2 的，扣 8 分。 (8) 盛器不洁，扣 1~3 分。 以上各项累计扣分不得超过总分。

【试题 1】榨菜肉丝汤

1. 考核要求

(1) 刀法应用准确，刀工精细，肉丝粗细均匀长短一致，成形符合标准。

(2) 水温控制得当，调味准确，肉丝质地软嫩，味道咸鲜，汤汁清醇。

(3) 盛器洁净，菜肴分量充足。

2. 主辅料及调味料准备

名称		规格	单位	数量	备注
主辅料	里脊肉		g	150	考生自备或考场统一提供
	榨菜		g	50	考生自备或考场统一提供
	小菜心		棵	6	考生自备或考场统一提供
	鸡清汤		g	500	考生自备或考场统一提供
调味料	精炼油			适量	考场统一提供
	精盐			适量	考场统一提供
	葱、姜、料酒			适量	考场统一提供
	味精			适量	考场统一提供

【试题 2】红烧鲫鱼

1. 考核要求

(1) 刀法应用准确，刀纹粗细深浅适宜，油温控制得当。

(2) 成品色泽红亮，鱼形完整，肉质细嫩。

(3) 调味准确，卤汁紧收，口味适中，数量恰当。

(4) 盛器洁净。

2. 主辅料及调味料准备

名称		规格	单位	数量	备注
主辅料	鲫鱼		条	2（约 500 g）	考生自备或考场统一提供
	蒜头		g	20	考生自备或考场统一提供
	青椒		g	60	考生自备或考场统一提供
调味料	精炼油			适量	考场统一提供
	精盐			适量	考场统一提供
	酱油			适量	考场统一提供
	料酒			适量	考场统一提供
	葱、姜、蒜			适量	考场统一提供
	味精			适量	考场统一提供

【试题3】麻婆豆腐

1. 考核要求

(1) 成品要求色泽红亮，豆腐细嫩。

(2) 勾芡恰当，成品卤汁紧收，口味适中，麻辣鲜香，肉末酥香。

(3) 盛器洁净。

2. 主辅料及调味料准备

名称		规格	单位	数量	备注
主辅料	豆腐		g	300	考生自备或考场统一提供
	肉末		g	80	考生自备或考场统一提供
	青蒜		g	80	考生自备或考场统一提供
调味料	精炼油			适量	考场统一提供
	盐、酱油			适量	考场统一提供
	姜			适量	考场统一提供
	淀粉			适量	考场统一提供
	豆瓣酱、豆豉			适量	考场统一提供
	干辣椒、花椒粉			适量	考场统一提供

【试题4】汤爆篮花肫

1. 考核要求

(1) 刀法应用准确，刀工精细，刀纹粗细深浅一致，成形符合标准。

(2) 水温控制得当，调味准确。

(3) 鸭肫拉伸形似篮格状，形制一致，质地脆嫩，味道咸鲜，汤汁清醇。

(4) 盛器洁净，菜肴分量充足。

2. 主辅料及调味料准备

	名称	规格	单位	数量	备注
主辅料	鸭肫		g	250	考生自备或考场统一提供
	冬笋		g	50	考生自备或考场统一提供
	小菜心		棵	6	考生自备或考场统一提供
	鸡清汤		g	1 000	考生自备或考场统一提供
调味料	精炼油			适量	考场统一提供
	精盐			适量	考场统一提供
	葱、姜			适量	考场统一提供
	料酒			适量	考场统一提供
	味精			适量	考场统一提供
	嫩肉粉			适量	考场统一提供
	胡椒粉			适量	考场统一提供

【试题5】氽鸡片

1. 考核要求

(1) 鸡片成形大小厚薄一致，符合标准。

(2) 上浆恰当，调味准确，水温控制得当。

(3) 成品色泽洁白，圆润饱满，质地细嫩，味道咸鲜，汤汁清醇。

(4) 盛器洁净，菜肴分量充足。

2. 主辅料及调味料准备

	名称	规格	单位	数量	备注
主辅料	鸡脯肉		g	150	考生自备或考场统一提供
	冬笋		g	50	考生自备或考场统一提供
	小菜心		棵	6	考生自备或考场统一提供
	鸡清汤		g	500	考生自备或考场统一提供
调味料	精炼油			适量	考场统一提供
	精盐			适量	考场统一提供
	葱、姜			适量	考场统一提供
	料酒			适量	考场统一提供
	味精			适量	考场统一提供

(五) 冷菜制作

【说明】冷菜制作共包括3道试题。这些试题的考核要求否定项、器具准备、考核时限均与油导热法及水导热法热菜制作一致，此处不再叙述。现列出冷菜制作评分项目及标准，各试题具体考核要求、主辅料及调味料准备在各试题中列出。

冷菜制作评分项目及标准

评分内容	评分要点	配分比重（%）	评分标准
主辅料的切配	根据菜肴要求选择相应的切配方法。时间 10 min。	6	(1) 超时 1 min 扣 1 分，1 min 以上扣 2 分。 (2) 刀法应用不准确，原料成形不符合标准，扣 1~3 分。 (3) 原料浪费较多，扣 1~2 分；原料浪费很多，扣 3~4 分。
原料的预制或调味	根据菜肴要求选择相应的预制方法，或对主辅料进行预制、调味。时间 2 min。	4	(1) 超时 1 min 扣 1 分，扣完 1 分为止。 (2) 预制或调配质量不合格，扣 1~2 分。
菜肴操作	根据菜肴的要求利用相应方法制作一道冷菜。时间 8 min。	10	(1) 超时 1 min 扣 1 分，扣完 2 分为止。 (2) 成菜色泽过淡或过深，或搭配不和谐，扣 1~2 分。 (3) 热处理不当，质地不符合要求，扣 1~2 分。 (4) 菜肴口味不足或过重，扣 1~3 分。 (5) 菜肴成形较差，扣 1 分，差 2 分，很差 3~4 分。 (6) 菜肴分量达不到规定量 2/3 的，扣 5 分；达不到规定量 1/2 的，扣 10 分。 (7) 盛器不洁，扣 1~3 分。 以上各项累计扣分不得超过总分。

【试题1】凉拌大白菜丝

1. 具体考核要求

(1) 刀法应用准确，刀工精细，大白菜丝粗细长短一致，成形符合标准。

(2) 白菜爽脆，调味准确，口味适中。

(3) 盛器洁净，菜肴分量充足，造型饱满美观。

2. 主辅料及调味料准备

	名称	规格	单位	数量	备注
主辅料	大白菜		g	350	考生自备或考场统一提供
调味料	味精、盐、干红椒			适量	考场统一提供
	葱、姜、花椒			适量	考场统一提供
	白糖、醋、酱油			适量	考场统一提供
	芝麻油			适量	考场统一提供

【试题2】温拌鱼片

1. 具体考核要求

(1) 刀法应用准确，刀工精细，鱼片厚薄一致，成形符合标准。

(2) 原料搭配合理，水温及加热时间控制得当，调味准确。

(3) 成品色泽和谐，咸鲜醇和，鱼片质地细嫩。

(4) 盛器洁净，菜肴分量充足，造型饱满美观。

2. 主辅料及调味料准备

	名称	规格	单位	数量	备注
主辅料	鱼肉		g	250	考生自备或考场统一提供
	木耳、青椒		g	各30	考生自备或考场统一提供
调味料	葱姜汁、料酒			适量	考场统一提供
	盐、味精、芝麻油			适量	考场统一提供
	酱油、糖、醋			适量	考场统一提供
	花椒、胡椒粉			适量	考场统一提供

【试题3】凉拌萝卜丝

1. 具体考核要求

(1) 刀法应用准确，刀工精细，萝卜丝粗细长短一致，成形符合标准。

(2) 萝卜丝爽脆，调味准确，口味适中。

(3) 盛器洁净，菜肴分量充足，造型饱满美观。

2. 主辅料及调味料准备

	名称	规格	单位	数量	备注
主辅料	萝卜		g	350	考生自备或考场统一提供
调味料	盐、味精			适量	考场统一提供
	辣椒油			适量	考场统一提供
	酱油			适量	考场统一提供
	醋			适量	考场统一提供
	白糖			适量	考场统一提供
	花椒面			适量	考场统一提供
	芝麻油			适量	考场统一提供

参考答案及说明

一、笔试题

【试题1】答：

叶菜类原料的洗涤方法有以下几种：

(1) 冷水洗涤：此方法适用于对大多数蔬菜的洗涤。

(2) 盐水洗涤：此方法适用于对秋冬季节蔬菜的洗涤。此时的叶或叶柄表面带有虫卵或腻虫，若只用冷水洗涤很难清除。采用盐水洗涤，则可使虫卵和腻虫在盐水的作用下脱落，从而洗掉虫卵和腻虫。

(3) 高锰酸钾溶液洗涤：此方法主要适用于生食凉拌的蔬菜。

【试题2】答：

禽类的开膛方法主要视烹调及菜肴要求而定，较常用的方法有腹开、肋开和背开三种。

(1) 腹开：腹开用途较广泛，是最常用的开膛方法。

(2) 背开：一般适用于整只制作菜品的家禽的开膛方法，如清炖鸡、花椒鸭等。

(3) 肋开：肋开主要用于整只烤制的家禽的开膛方法，使其在烤制时不漏油水，腹背不收缩变形，形态完整。

【试题3】答：

禽类原料油脂的加工有煎熬和蒸制两种方法。

(1) 煎熬法：油脂取出后，放入锅中用小火煎熬，开始色泽混浊，待水分蒸发完后会变清，这时取出即可。

(2) 蒸制法：先将油脂洗净，切碎后放入碗内，加葱、姜，上笼隔汽蒸至油脂融化后取出，去掉葱、姜即可。

【试题4】答：

蔬菜加工要注重用科学的方法保护营养，具体有以下方法：

(1) 蔬菜中的许多营养素是水溶性的，如水溶性的维生素C、B族维生素、矿物质，要采用科学的洗涤方法。

1) 先洗后切。防止营养素在刀口处流失，如操作顺序不当，很容易造成流失。

2) 切后即烹。不要洗前先切或清洗以后长时间不烹调，这样会使蔬菜创面接触空气发生氧化导致营养素损失。

(2) 蔬菜初步加工要尽量利用可食用部分。如芹菜，除取茎食用外，芹菜叶也富含营养素，也可以洗涤干净后供食用，或者作点缀、衬托之用。人们通常食用莴笋的茎部，实际上莴笋叶同样可以食用，既可以炒，也可以烩，制成汤菜，还可以焯水后凉拌，口味与生菜相似。较大的菠菜，其根部色红，味甜糯，不应除去，削去须根留其主根供食用，其味甚佳。

【试题5】答：

以各种温度的清水、浑水（如米汤）浸涨干料的过程叫水涨发。水涨发是最基本、最常用的发料方法。

【试题6】答：

碱发是将干制原料置于碱溶液中进行涨发的过程，是在自然涨发基础上采取的强化方法。一些干硬老韧、含有胶原纤维和少量油脂的原料，难以在清水中完全发透，为了加快涨发速度，提高成品涨发率和质量，在介质溶剂中可适量添加碱性物质，改变介质的酸碱度，造成碱性环境，促使蛋白质的碱性溶涨。碱发方法主要适用于一些动物性原料，如蹄筋、鱿鱼等。常用生碱水、熟碱水、火碱水进行碱发。

碱发特点如下：

(1) 根据原料性质和烹调时的具体要求，确定使用哪一种碱溶液及它的浓度。强碱浓度要低，反之则要高。对同一种碱来说，浓度不同涨发的效果也不同。浓度过稀，干料发不透；浓度过高，腐蚀性太强，轻则造成腐烂，重则使原料报废。

(2) 认真控制碱液的温度。在碱发过程中，碱液的温度对涨发效果影响很大，碱液温度越高，腐蚀性越强。

(3) 严格掌握时间。在碱发过程中及时检查，发好的原料应立即取出，直至发完。

(4) 碱水涨发前，一定要用清水将干货涨软，减少碱溶液对原料的腐蚀。

【试题7】答：

水涨发根据水温的不同可分冷水发和热水发两种。

(1) 冷水发：把干料放在冷水中，使其自然吸收水分，尽量恢复新鲜时的软、嫩状态，这种发料方法叫冷水发。

(2) 热水发：把干料放在热水中，用各种加热的方法促使原料加速吸收水分，成为松软嫩滑的全熟原料或半熟的半成品，叫做热水发。热水发具体的操作方法又包括泡发、煮发、焖发和蒸发四种。

1) 泡发：将干料放入热水中浸泡而不再继续加热，使其慢慢泡发涨大。

2) 煮发：把干料放入水中，加热煮沸，使之涨发。

3) 焖发：焖发是煮发的后续过程。因为煮到一定程度时，需改用小火、微火，或将锅端离火源，盖紧盖子使温度逐渐下降，让原料从外到里全部涨发透。

4) 蒸发：就是将干料放入盛器内，用蒸汽使原料发透。

【试题8】答：

热水发料可以根据原料的性质，采用各种不同的水温和涨发形式，从而获得较好的发料效果。热水发料的具体操作方法也是繁简不一，一般有一次性发料和多次反复发料两种情况。

(1) 一次性发料：即只经过一次性热水涨发过程就可以达到发料方法的要求。如银鱼、香菇、粉丝、干菜笋等，只要加上适量开水泡一定时间，即可发透。又如干贝、蛤士蟆等先用冷水浸数小时后，再上笼蒸即可达到酥软的要求。

(2) 多次反复发料：即要经过几次热水涨发过程才能达到要求的发料方法。一些体质坚硬、老厚、带筋、夹沙或腥臊气味较重的原料，都要经过几次泡、煮、焖等热水发料过程，如海参、鱿鱼等。

二、实际操作题

(一) 基本料形加工

要求掌握土豆丝、生姜丝、莴苣丝、百叶丝、榨菜丝和夹刀片的加工刀法及成形方法。

丝类成形的操作程序：原料去皮清洗等初加工→修切成特定的几何方体→切成片形→切丝。

夹刀片成形的操作程序：原料去皮清洗等初加工→一刀不断一刀断地切成夹刀片形。

例如，土豆丝、莴苣丝、榨菜丝的成形，要将土豆、莴苣、榨菜切成长方体形的坯料，直刀切成片形后改刀切成丝即可；生姜丝的成形，要将生姜去皮修形，平刀批成薄片后改刀切成丝即可；百叶丝的成形，要将百叶改刀成5～6 cm宽的长条，卷切成丝即可；夹刀片的成形，要将藕清洗干净一刀不断一刀断地切成夹刀片形即可。

(二) 一般冷菜拼摆

要求掌握馒头形、桥形、扇形、对拼、三色排拼和四色排拼等一般冷菜的拼摆方法。

一般冷菜拼摆的操作程序：确定摆放位置与形状→修整原料→垫底→盖面→装饰。

由于以上一般冷菜的拼摆具有很多共性，这里仅以三色排拼为例，介绍其操作方法如下：

取直径20 cm (8英寸) 白圆盘1只，按照有间隙扇面的形式依次将盐水鸭半只、黄瓜1根、火腿肠1根在盘中排叠成扇面三拼，拼摆时按先垫底后盖面的次序进行，中间留有直径6 cm的空隙。

(三) 油导热法热菜制作

【试题1】滑炒里脊

1. 操作程序：猪里脊肉切丝→浸泡→上浆→滑油、沥油→炒配菜→调味勾芡→主料入锅翻炒→装盘。

2. 原料：猪里脊肉250 g，笋50 g，青椒50 g，精炼油1 000 g，精盐3 g，葱白段15 g，

姜片 10 g，料酒 10 g，味精 2 g，淀粉 20 g。

3. 操作内容：

（1）将里脊肉先批成片后，再切成丝，清水碗内加葱白段、姜片、料酒，放入肉丝浸泡 5 min，捞出肉丝控去水分，用精盐、淀粉上浆，再用少许精炼油拌匀。笋、青椒切成丝。

（2）锅上火，放入精炼油加热至 110℃时，倒入肉丝滑散，待变色后倒进漏勺沥油。锅中留少许油，放入笋丝、青椒丝略炒后，加入精盐、料酒、味精，调湿淀粉勾芡，倒入肉丝颠翻使卤汁包裹均匀，起锅装盘即成。

【试题2】芫爆肉片

1. 操作程序：猪里脊肉切片→上浆→滑油、沥油→炝锅、炒配菜→调味勾芡→主料入锅翻炒→装盘。

2. 原料：猪里脊肉 250 g，芫荽茎 50 g，精炼油 1 000 g，精盐 3 g，葱 10 g，姜 10 g，蒜 10 g，料酒 10 g，味精 2 g，酱油 10 g，白糖 10 g，香醋 10 g，淀粉 20 g。

3. 操作内容：

（1）将猪里脊肉切成约宽 2 cm、厚 0.2 cm、长 5 cm 的片。将切好的肉片放入碗内，加入精盐、淀粉上浆。芫荽茎切成 5cm 的段。

（2）取一小碗，放入酱油、白糖、料酒、味精、香醋、淀粉及少许清水，调匀待用。

（3）锅上火，放入精炼油加热至 140℃时，将肉片倒入油中，爆至色变白后，倒进漏勺沥油。

（4）锅中留少许油，先放入葱、姜、蒜、芫荽茎段炝锅，再倒入肉片，倒入芡汁翻炒，待肉片挂满芡汁后，起锅装盘即成。

【试题3】鱼香肉丝

1. 操作程序：猪里脊肉切丝→浸泡→上浆→滑油、沥油→炒配菜→调味勾芡→主料入锅翻炒→装盘。

2. 原料：猪里脊肉 250 g，笋 50 g，木耳 20 g，精炼油 1 000 g，精盐 3 g，葱 10 g，姜 10 g，蒜 10 g，料酒 10 g，酱油 10 g，白糖 10 g，香醋 10 g，红泡椒 20 g，淀粉 20 g。

3. 操作内容：

（1）猪里脊肉去筋膜切成厚约 0.2 cm 的大片，再用刀切成粗如火柴棍大小的肉丝，将切好的肉片放入碗内，加入精盐、淀粉上浆。笋、木耳切丝，红泡椒切末，葱、姜、蒜切米。

（2）将白糖、酱油、盐、醋倒入碗内，加少量水和淀粉调成味汁待用。

（3）锅置火上倒油，烧至 110℃热时将上浆入味的肉丝放入锅中，用锅铲迅速炒散，炒至肉丝伸展呈白色时，下红泡椒末、姜米炒香炒上色，即投入蒜米炒出香味、再下葱花并倒入调好的味汁；以锅铲炒至菜肴紧汁亮油时出锅，并滴入几滴醋即成。

【试题4】京酱肉丝

1. 操作程序：猪里脊肉切丝→浸泡→上浆→滑油、沥油→炒配菜→调味勾芡→主料入锅翻炒→装盘。

2. 原料：猪里脊肉250 g，葱100 g，春卷皮100 g，精炼油1 000 g，甜面酱20 g，精盐3 g，葱白段15 g，姜片10 g，料酒10 g，酱油10 g，白糖10 g，味精2 g，淀粉20 g。

3. 操作内容：

(1) 将里脊肉先批成片后，再切成丝，清水碗内加葱白段、姜片、料酒，放入肉丝浸泡5 min，捞出肉丝控去水分，用精盐、淀粉上浆，再用少许精炼油拌匀。大葱切成长5 cm的丝。

(2) 锅上火，放入精炼油加热至110℃时，倒入肉丝滑散，待变色后倒进漏勺沥油。锅中留少许油，放入甜面酱略炒后，加入精盐、料酒、酱油、糖、味精，调湿淀粉勾芡，倒入肉丝颠翻使卤汁包裹均匀，起锅配春卷皮、葱丝装盘即成。

【试题5】滑炒鱼丁

1. 操作程序：鱼肉切丁→浸泡→上浆→滑油、沥油→炒配菜→调味勾芡→主料入锅翻炒→装盘。

2. 原料：净鱼肉250 g，笋50 g，青椒1只，鸡蛋清20 g，精炼油1 000 g，精盐3 g，葱白段15 g，姜片10 g，味精2 g，料酒10 g，淀粉20 g，香醋2 g。

3. 操作内容：

(1) 将鱼肉批成长1 cm见方的丁，放入加有葱白段、姜片、料酒的清水碗内，浸泡5 min，捞出控去水分，用精盐、鸡蛋清、淀粉上浆，再用少许精炼油拌匀。将笋、青椒切成与鱼丁长短粗细相近的丁。

(2) 锅上火，放入精炼油加热至120℃时，倒入生鱼丁滑散，待变色后倒进漏勺沥油。锅中留少许油，放入笋丁、青椒丁略炒后，加入精盐、料酒、味精，调湿淀粉勾芡，倒入鱼丁颠翻，使卤汁包裹均匀，起锅装盘即成。

【试题6】咕噜肉

1. 操作程序：猪后臀尖肉切丁→腌制→挂糊炸制→对汁调味勾芡→下主料、菠萝入锅翻炒→装盘。

2. 原料：猪后臀尖肉250 g，菠萝100 g，鸡蛋清20 g，精炼油1 000 g，精盐3 g，葱白段15 g，姜片10 g，蒜10 g，番茄酱20 g，白糖10 g，味精2 g，料酒10 g，淀粉20 g，白醋2 g。

3. 操作内容：

(1) 将猪后臀尖肉切成厚 2 cm 的片后用刀背拍松，改刀成 2 cm 见方的块，放入盐、葱白段、姜片、料酒腌制 5 min。菠萝切成与肉块长短粗细相近的块。将鸡蛋、水淀粉调制成糊。

(2) 将肉块挂上糊，投入 170℃的油锅内炸至表面呈金黄色时，倒进漏勺沥油。

(3) 锅中留少许油，用葱段、姜片、蒜炝锅后捞出，再放入番茄酱略炒后，加入白糖、料酒，调湿淀粉勾芡，淋入白醋，倒入肉块、菠萝颠翻使卤汁包裹均匀，起锅装盘即成。

(四) 水导热法热菜制作

【试题1】榨菜肉丝汤

1. 操作程序：猪里脊肉切丝→泡水→肉丝入热水锅中加热至熟→捞出→锅中加入鸡汤→用泡肉丝的血水将汤吊清→加入配菜→调味→装入汤碗。

2. 原料：

猪里脊肉 150 g，榨菜 50 g，小菜心 6 棵，精炼油 2 g，精盐 4 g，葱白段 15 g，姜片 10 g，料酒 10 g，味精 2 g，鸡清汤 500 g。

3. 操作内容：

(1) 将榨菜切成丝，将小菜心根部削成橄榄形并剖十字刀。将两种配菜入沸水中焯水，捞出，用凉水冲凉。葱白段、姜片捣碎，加料酒、少量清水和开成葱姜酒水待用。

(2) 猪里脊肉切丝放在大碗中，加入清水 160 g、葱姜酒水，搅拌腌制，后下入热水锅中氽熟，用漏勺捞起。

(3) 锅上火，原汤倒入鸡清汤中烧沸，用泡肉丝的血水将汤吊清，再放入肉丝、小菜心，加精盐、味精调味，烧至沸时，起锅装入大汤碗中，淋入精炼油即成。

【试题2】红烧鲫鱼

1. 操作程序：鲫鱼初加工→在鱼身上剞刀→抹盐腌制→浸炸→加汤调味→烧制→收干味汁→装盘。

2. 原料：鲫鱼 2 条 (约 500 g)，青椒 60 g，蒜头 20 g，精炼油 1 000 g，精盐 3 g，葱白段 15 g，姜片 10 g，蒜 10 g，酱油 20 g，味精 2 g，料酒 10 g。

3. 操作内容：

(1) 将鲫鱼刮鳞、去鳃、剖腹去内脏，洗净，在表面剞上刀纹，用精盐擦遍鱼身，腌制。青椒切块。

(2) 锅上火，放入精炼油，加热至 170℃时，放进鲫鱼浸炸，待鱼身发挺，两面金黄时捞出沥油。

(3) 锅复上火，放精炼油，入大蒜、姜片、葱段炒香，加入白汤、料酒、酱油、精盐，再放入鲫鱼，用大火烧沸，改用小火焖烧，此过程中将鲫鱼翻一次身，再复用大火收卤汁，待快收干时放入青椒块、味精，撒上葱花后，随即出锅装盘即成。

【试题3】麻婆豆腐

1. 操作程序：豆腐切块→入开水氽一下捞出备用→炒香料调味→下肉汤烧沸→下主料豆腐烧制→下配料勾芡→装盘撒花椒粉即可。

2. 原料：豆腐300 g，牛肉末80 g，青蒜80 g，精炼油75 g，豆瓣酱20 g，豆豉10 g，姜10 g，干辣椒0.5 g，花椒粉1.5 g，酱油10 g，盐1 g，淀粉3 g。

3. 操作内容：

(1) 豆腐切成丁，烧开半锅水，加入1汤匙盐，将豆腐丁放入沸水中焯30 s，捞起沥干水分备用。干辣椒也切成丁，青蒜切成2 cm的段。

(2) 锅上火烧热加3汤匙精炼油，以小火炒香姜末、干辣椒、豆瓣酱、豆豉等香料，加入盐、酱油，倒入肉末炒散至肉变色，加入肉汤烧沸。

(3) 倒入豆腐丁轻轻拌匀，煮3 min，加入青蒜段，倒入生粉水勾芡，撒上花椒粉，即可装盘。

【试题4】汤爆篮花肫

1. 操作程序：鸭肫仁剞篮花刀→用嫩肉粉制嫩→入沸水锅中烫熟→鸡清汤烧沸→加入配菜→调味→再放入菊花肫→装入汤碗。

2. 原料：净鸭肫仁250 g，冬笋50 g，小菜心6棵，精炼油1 g，精盐3 g，葱白段15 g，姜片10 g，料酒15 g，味精2 g，嫩肉粉2 g，鸡清汤1 000 g，胡椒粉1 g。

3. 操作内容：

(1) 将鸭肫仁批切成厚片，在每个鸭肫上的两面皆略斜向直剞平行刀纹，即篮花刀，深约厚度的2/3，刀距约0.2 cm，将切好的鸭肫块放入碗内，加嫩肉粉、少许清水，静置10 min。冬笋切片，小菜心根部削成橄榄形并剞十字刀。将两种配菜入沸水中焯水，捞出，用凉水冲凉。

(2) 锅上火，加清水烧沸，放入篮花肫、葱白段、姜片、料酒，至变色断生时捞出，用清水洗净。

(3) 锅复上火，倒入鸡清汤烧沸，放入冬笋片、小菜心，加精盐、味精调味，烧至沸时，再放入篮花肫，起锅装入大汤碗中，撒上胡椒粉，淋入精炼油即成。

【试题5】氽鸡片

1. 操作程序：鸡脯肉切片→泡水→上浆→鸡片入热水锅中加热制熟→捞出→锅中加入鸡汤→用泡鸡片的血水将汤吊清→加入配菜→调味→装入汤碗。

2. 原料：

鸡脯肉150 g，冬笋50 g，小菜心6棵，精炼油2 g，精盐4 g，葱白段15 g，姜片10 g，料酒 10 g，味精 2 g，鸡清汤 500 g。

3. 操作内容：

(1) 将冬笋切成片，小菜心根部削成橄榄形并剖十字刀。将两种配菜入沸水中焯水，捞出，用凉水冲凉。葱白段、姜片捣碎，加料酒、少量清水和开成葱姜酒水待用。

(2) 鸡脯肉切片放在大碗中，加入清水 160 g、葱姜酒水，搅拌腌制后上浆，后下入热水锅中氽熟，用漏勺捞起。

(3) 锅上火，原汤倒入鸡清汤烧沸，用泡鸡片的血水将汤吊清，再放入鸡片、小菜心，加精盐、味精调味，烧至沸时，起锅装入大汤碗中，淋入精炼油即成。

(五) 冷菜制作

【试题1】凉拌大白菜丝

1. 操作程序：白菜去叶洗净切成细条→入沸水中烫后捞出晾凉→炒制香料调味→加入白菜条拌匀→静置 20 min→装盘。

2. 原料：大白菜 350 g，精盐 3 g，干红椒 5 g，葱 10 g，姜 10 g，味精 2 g，酱油 15 g，白糖 10 g，香醋 5 g，花椒 5 g，芝麻油 10 g。

3. 操作内容：

(1) 将白菜梗洗净，切成细条，放入沸水中烫一下，捞出沥水晾凉。

(2) 干红辣椒洗净去籽，切成细丝；将大葱、鲜姜洗净切丝。

(3) 锅内放油，烧热后放入花椒，炸出香味后将花椒捞出；再将辣椒丝、葱丝、姜丝一起倒入油锅煸炒几下，加入酱油、醋，炒出香味后倒入装白菜盘内拌匀。

(4) 加入白糖、盐、芝麻油、味精，用大碗将盘扣住，焖 20 min 后拌匀即可装盘。

【试题2】温拌鱼片

1. 操作程序：鱼初加工→批片→清水浸泡→沸水烫熟→调料拌和→装盘。

2. 原料：鱼肉 250 g，青椒 30 g，木耳 30 g，葱姜汁 25 g，料酒 25 g，精盐 3 g，花椒 5 g，味精 2 g，酱油 15 g，白糖 10 g，香醋 5 g，芝麻油 10 g，胡椒粉 2 g。

3. 操作内容：

(1) 取大碗一只，倒入开水，放入花椒，待凉透后，再放入葱姜汁、料酒。

(2) 将鱼肉批成 0.2 cm 厚的大片，放入花椒水中浸泡。青椒切成细丝。木耳洗净焯水后备用。

(3) 锅上火，放入清水烧沸，加葱姜汁、料酒，下入鱼肉烫熟，捞出沥去水分，放入碗中，趁热投放精盐、酱油、白糖、味精、香醋、胡椒粉、芝麻油，加入青椒丝、木耳与鱼片拌匀。

【试题3】凉拌萝卜丝

1. 操作程序：萝卜去皮→切丝→加盐拌匀静置 20 min→挤掉水分→清水冲洗→沥干水分→调料拌和→装盘。

2. 原料：萝卜 350 g，精盐 3 g，辣椒油 5 g，味精 2 g，酱油 15 g，白糖 10 g，香醋 5 g，花椒面 5 g，芝麻油 10 g。

3. 操作内容：

（1）萝卜去皮切细丝，放些许盐拌匀，放置半个小时出水。挤掉水分，用清水冲洗几遍，再挤干备用。

（2）酱油、醋、白糖、芝麻油、辣椒油、味精、花椒面调成汁，倒进萝卜丝拌匀即可。

第三部分 模 拟 试 卷

初级中式烹调师理论知识考核模拟试卷

一、**判断题**（下列判断正确的请在括号内打"√"，错误的请在括号内打"×"，每题1分，共20分）

1. 芹菜叶部的维生素C含量比茎部要高。（   ）
2. 清洗蔬菜时，用盐水洗涤，可使虫卵和腻虫在盐水的作用下脱落，从而洗掉虫卵和腻虫。（   ）
3. "肋开"主要用于整只烤制家禽的开膛方法，使其在烤制时漏油水，腹背不收缩变形，形态完整。（   ）
4. 水发加工的一个更重要意义在于：没有水发这一环节，涨发的工作就没有完成。（   ）
5. 微波解冻是利用电磁波自身产生的热量进行解冻的。（   ）
6. 分割是指根据整形烹饪原料不同部位的重量等级，使用刀具和方法对其进行有目的的切割与分类处理，使其符合烹调的要求而成为具有相对独立意义的更小单位和部件。（   ）
7. 放养的禽与圈养的禽相比，前者红肌纤维的数量比后者多，其肌纤维的直径也比后者粗。（   ）
8. 鸡翅剔骨过程中必须去除鸡翅中的所有骨骼。（   ）
9. 制作烩冬笋这道菜肴时，对竹笋的加工常用滚料，切成滚刀块。（   ）
10. 在多数情况下，夹刀片由直刀法产生。（   ）
11. 菜肴的质，是指组成菜肴的营养成分和风味指标。（   ）
12. 调料又称调味品、调味原料，它的用量少，作用也不大。（   ）
13. 爆、炒、炸、煎类菜品零点时一般选用12寸圆盘或14寸腰盘。筵席一般选用9～12寸圆盘或16寸腰盘。（   ）

14. 主料及各种配料按比例配好放入一个容器中，方便烹饪操作，提高烹调速度。（　　）

15. 为了提高工作效率，辅助性拍粉是可以一次性拍好粉后再一起炸制。（　　）

16. 煤气是由煤炭蒸馏而获得的，是气态燃料，主要化学成分有氢、氧气、一氧化碳、二氧化碳、氮气、甲烷、不饱和烃（主要是乙烯）和饱和水蒸气。（　　）

17. 夹层锅是将高压蒸汽通入金属夹层中，使锅内快速受热升温来加热食物。一般操作较为方便，只要加压就能提高温度。（　　）

18. 煎法操作的关键是受热的均匀度，因为煎制中，原料多半是半露半没，煎制时要及时翻身，才能保证两面受热均匀。（　　）

19. 冷制冷菜中的腌指的是腌拌，它的选料以脆嫩的动、植物性原料为主，如萝卜、莴苣、白菜等。（　　）

20. 制作大煮干丝时为了干丝的绵软口感，干丝在煮制前要经过3次冷水浸泡和3次开水浸泡。（　　）

二、单项选择题（下列每题有4个选项，其中只有1个是正确的，请将其代号填写在横线空白处，每题1分，共80分）

1. 蔬菜的种类不同，其食用的＿＿＿＿也不同。
　　A. 部位　　　　　　　　B. 方法
　　C. 营养成分　　　　　　D. 口感

2. 宰杀家禽时割断血管的目的是＿＿＿＿。
　　A. 使其快速死亡　　　　B. 放尽血液
　　C. 便于褪毛　　　　　　D. 便于烹饪

3. 加工家禽时，＿＿＿＿不能食用，应该去除。
　　A. 头　　　　　　　　　B. 爪子
　　C. 胆　　　　　　　　　D. 肠子

4. 加工质地较嫩的根菜原料时可以＿＿＿＿。
　　A. 不洗涤　　　　　　　B. 不去皮
　　C. 不改刀　　　　　　　D. 不浸泡

5. 茎菜类原料去皮后应该＿＿＿＿，防止变色。
　　A. 浸泡在水中　　　　　B. 快速焯水
　　C. 浸泡在油中　　　　　D. 立即烹饪

6. 叶菜类原料如果用盐水洗涤，一定要控制盐的浓度和＿＿＿＿。
　　A. 浸泡温度　　　　　　B. 原料数量

C. 原料色泽 　　　　　　　　　D. 浸泡时间

7. 整理后的蔬菜先放入浓度为 2%的_____中浸泡约 5 min，然后用清水冲洗，可去除虫卵。

A. 高锰酸钾溶液 　　　　　　B. 食盐溶液

C. 漂白粉溶液 　　　　　　　D. 84 消毒液

8. 藻类蔬菜是指以_____的叶为食用部分的蔬菜。

A. 藻类植物 　　　　　　　　B. 海生植物

C. 海草 　　　　　　　　　　D. 海白菜

9. 烫泡鸡煺毛，春天水温为_____。

A. 70～75℃ 　　　　　　　　B. 70～80℃

C. 75～85℃ 　　　　　　　　D. 75～80℃

10. 常用的宰杀鸽子的方式是_____。

A. 割断气管 　　　　　　　　B. 摔死

C. 浸水淹死 　　　　　　　　D. 割断血管

11. 鱼类品种很多，加工方法不相同，主要是因为_____。

A. 形状、性质各异 　　　　　B. 大小不一

C. 刺多 　　　　　　　　　　D. 有的有毒

12. 从鱼的口腔中将内脏取出的方法是先在鱼的脐部割一刀，将_____割断。

A. 大肠 　　　　　　　　　　B. 小肠

C. 食管 　　　　　　　　　　D. 内脏

13. 火腿初加工需将整只火腿放在清水中浸泡_____小时。

A. 6 　　　　　　　　　　　　B. 5

C. 10 　　　　　　　　　　　D. 4

14. 冷水发的基本原理，主要是利用_____。

A. 扩散作用和毛细现象 　　　B. 渗透作用和浸润现象

C. 扩散作用和浸润现象 　　　D. 渗透作用和毛细现象

15. 干货原料涨发的目的就是使干货原料最大限度_____。

A. 泡软 　　　　　　　　　　B. 吸水

C. 增大 　　　　　　　　　　D. 吸水膨润

16. 热水发具体的操作方法有_____、煮发、焖发和蒸发四种。

A. 水发 　　　　　　　　　　B. 泡发

C. 浸发 　　　　　　　　　　D. 温水泡发

17. 焖（发）的时间长短，也要视_____的多方面情况而定。

    A. 原料   B. 菜品

    C. 菜肴要求   D. 辅料

18. 加温解冻后的肉质颜色会_____。

    A. 变淡   B. 变深

    C. 变红   D. 变黑

19. 自然解冻的优点是风味保持最佳，缺点是_____。

    A. 解冻时间长   B. 成本较高

    C. 不宜保存   D. 色泽容易变化

20. 微波解冻时能_____最大冰结晶生成带。

    A. 缓慢通过   B. 快速通过

    C. 不通过   D. 长时间停留在

21. 剔骨整理是指在动物性原料_____中，对需要进行肌肉、脂肪与骨骼分离的原料实施分离处理，并按不同部位或质量等级进行分类整理。

    A. 加工过程   B. 分割过程

    C. 宰杀过程   D. 洗涤过程

22. 下列不是人们对家禽类原料进行分割或剔骨整理的原因的是_____。

    A. 体现中国烹饪精湛刀工   B. 丰富禽类菜肴品种

    C. 提高禽类的食用价值   D. 禽类不同部位肌肉品质不同

23. 分割与剔骨整理时必须按照原料的不同部位和_____进行分割与归类。

    A. 产地   B. 生长期

    C. 质量等级   D. 价格

24. 家禽的后肢股部和_____的肌肉多且发达，含结缔组织较多。

    A. 胸部   B. 腿部

    C. 大腿根   D. 翅膀根

25. 肉用禽要比蛋用禽生长速度快，产肉力高，_____的数量多。

    A. 瘦肉   B. 红肌纤维

    C. 筋   D. 白肌纤维

26. _____的头骨中颅骨和上颌骨各愈合成一个整体。

    A. 禽类   B. 鸡

    C. 鸭   D. 鸽子

27. 从分档取料、物尽其用的角度出发，适宜煮汤的原料是_____。

A. 鸡脯 B. 鸡腿
C. 鸡肝 D. 鸡架

28. 常用于新刀开刃的磨刀石是_____。
   A. 粗磨石 B. 粗油石
   C. 细磨石 D. 磨刀棒

29. 下列刀具在磨制时需要平磨的是_____。
   A. 剁刀 B. 批刀
   C. 斧形刀 D. 大方刀

30. 平批原料时应保持在刀刃的一个固定位置,_____,不向左右移动。
   A. 拉动批进 B. 平行批进
   C. 推动批进 D. 抖动批进

31. 下列适合用拉切刀法进行加工的原料是_____。
   A. 白菜 B. 竹笋
   C. 榨菜 D. 鸡脯

32. 一般将细于_____以下、长约4.5～5.5 cm的细工料形称为丝。
   A. 0.3 cm×0.3 cm B. 0.4 cm×0.4 cm
   C. 0.5 cm×0.3 cm D. 0.3 cm×0.4 cm

33. 长方片具有长方形结构,规格有大、中、小三等。小号规格约_____,常用于热菜配料。
   A. 5 cm×2 cm×0.2 cm B. 5 cm×1.5 cm×0.2 cm
   C. 3.5 cm×1.5 cm×0.2 cm D. 4 cm×1.5 cm×0.3 cm

34. 根据_____的要求,将各种加工成形的原料加以适当的配合,供烹调或直接食用的工艺过程称菜肴组配。
   A. 宴席档次和菜肴质量 B. 宴席成本和菜品质量
   C. 使用对象和宴席档次 D. 宴席档次和烹调方法

35. 菜肴的质,是指组成菜肴的_____和风味指标。
   A. 各种原料总的营养成分 B. 各种原料的总和
   C. 不同原料的数量 D. 原料种类

36. 菜肴的量,是指菜肴中_____及其菜肴的重量。
   A. 主料的重量 B. 各种原料的重量
   C. 各种营养物质的总量 D. 主、辅料的重量

37. 主料是指在_____作为主要成分,占主导地位,起突出作用的原料。

    A. 大菜中   B. 热菜中

    C. 冷菜中   D. 菜肴中

38. 嫩肉粉、发酵粉等用量虽少但作用很大，其原因在于每一种调味品都含有区别于其他调味品的_____。

    A. 特殊成分   B. 颜色

    C. 性状   D. 口味

39. 菜肴组配按菜肴的形式分，可以分为_____。

    A. 冷菜和热菜   B. 荤菜和素菜

    C. 炒菜、烧菜和汤菜   D. 风味菜和花式菜

40. 多种主料菜肴的组配是指菜肴中_____为两种或两种以上。

    A. 主辅料品种的数量   B. 主料品种的数量

    C. 主料、辅料和调料品的数量   D. 不同原料品种的颜色

41. 菜肴组配的形式，按食用温度分可分为_____。

    A. 冷菜和热菜   B. 风味菜和花式菜

    C. 荤菜和素菜   D. 炒菜、烧菜和汤菜

42. 热菜组配又常见有单一原料菜肴的组配、主辅料菜肴的组配、_____三种形式。

    A. 多种主料菜肴的组配   B. 多种辅料菜肴的组配

    C. 单一调料菜肴的组配   D. 单一辅料菜肴的组配

43. 餐具选用原则是一般菜点的容量占餐具的_____为宜。

    A. 80%～90%   B. 60%

    C. 50%～70%   D. 80%以下

44. 多种原料冷盘是指以_____组成一盘菜肴，除花色冷盘外，主要用于拼盘和花色冷盘的围碟。

    A. 各种动物性原料   B. 两种以上凉菜原料

    C. 各种植物性原料   D. 多种形式的造型

45. _____是冷菜制作的基本要求。

    A. 安全卫生   B. 方便快捷

    C. 制作标准   D. 色彩搭配

46. 原料组配的具体数量应根据菜肴价格、_____等原因，进行全面平衡，做到能使客人吃得好、吃得饱。

    A. 原料季节   B. 毛利率大小

    C. 客人喜好   D. 饮食禁忌

47. 下列最适合勾芡的淀粉是_____。
   A. 糯米淀粉　　　　　　　　B. 小麦淀粉
   C. 玉米淀粉　　　　　　　　D. 甘薯淀粉

48. 风味性拍粉是拍粉工艺的主要内容，拍粉后经炸制或油煎直接成菜，形成拍粉菜品独特的_____风味。
   A. 松、软　　　　　　　　　B. 松、香
   C. 嫩、滑　　　　　　　　　D. 鲜、嫩

49. 不需上浆或挂糊，拍粉后直接炸制或油煎成菜的菜肴是_____。
   A. 菊花鱼　　　　　　　　　B. 雪丽鱼条
   C. 脆皮鱼条　　　　　　　　D. 软炸鱼条

50. 挂糊的粉料一般以面粉、米粉、淀粉为主，选择时粉料_____。
   A. 一定要洁白　　　　　　　B. 一定要量大
   C. 一定要干燥　　　　　　　D. 一定要半干

51. 挂糊时对于质地较老的原料，糊的浓度应_____。
   A. 稀一些　　　　　　　　　B. 稠一些
   C. 稠稀一样　　　　　　　　D. 保持不变

52. 熟粘皮法一般将丝料和主料分别成熟，后用黏性的酱料粘合在一起，常用黏性酱料有_____。
   A. 沙律酱　　　　　　　　　B. 蛋液
   C. 面粉糊　　　　　　　　　D. 淀粉糊

53. 水粉糊主要用于_____等菜品的挂糊。
   A. 酥炸、干炸　　　　　　　B. 焦熘丸子
   C. 糖醋鱼　　　　　　　　　D. 干炸、脆熘

54. 全蛋糊的原料配比是_____。
   A. 面粉 25%、淀粉 30%、鸡蛋 20%、水 25%
   B. 面粉 35%、淀粉 35%、鸡蛋 10%、水 20%
   C. 面粉 30%、淀粉 30%、鸡蛋 15%、水 25%
   D. 面粉 25%、淀粉 25%、鸡蛋 15%、水 35%

55. 在菜肴制作的全过程中，适时、适量地添加调味料，以引起人们的味觉、嗅觉、触觉、视觉等器官以味觉为中心的各种美感，这一操作技术称为_____。
   A. 调味工艺　　　　　　　　B. 调味过程
   C. 调味方法　　　　　　　　D. 调味手段

56. 菜肴的口味主要是通过调味工艺实现的，_____。
    A. 但是其他工艺流程对口味也起决定性作用
    B. 虽然其他工艺流程对口味有一定的影响，但调味工艺起决定性作用
    C. 但调味工艺不起决定性作用
    D. 它是实现菜肴质感的唯一途径

57. 料酒中含有乙醇、酯类、氨基酸等成分，其中_____可以促进异味的挥发，同时还能与有异味的酸在加热时形成具有香气的酯类。
    A. 料酒   B. 酯类
    C. 乙醇   D. 氨基酸

58. 运用_____可以改善和调节菜品质感风味。
    A. 调味工艺   B. 调色手段
    C. 调香处理   D. 拼摆工艺

59. 在烹调过程中，"炝锅"是为了_____。
    A. 增加香味   B. 消除异味
    C. 确定口味   D. 增加色泽

60. 下列菜肴中，成菜主要采用烟熏调味法来调味的是_____。
    A. 樟茶鸭   B. 酸白菜
    C. 爆炒腰花   D. 菊花鱼

61. 拔丝香蕉成菜主要采用了_____。
    A. 跟碟调味法   B. 包裹调味法
    C. 粘撒调味法   D. 浇汁调味法

62. 调味的目的与作用包括：①确定和丰富菜肴的口味；②去除异味；③增强食疗保健作用；④_____；⑤调节菜品的质感。
    A. 丰富菜品的色彩   B. 丰富口味
    C. 丰富形状   D. 丰富菜品的滋味

63. 腌浸调味法根据使用的调味品种不同可分为：盐腌法、_____和糖浸法。
    A. 酸腌法   B. 醋渍法
    C. 混合腌法   D. 醋泡法

64. _____是中国烹饪中最常见、最基本的味型之一。
    A. 咸鲜味   B. 糖醋味
    C. 酸辣味   D. 咸甜味

65. "糖醋"味会因地区不同、人们的口味习惯不一样，而甜酸的_____各异。

A. 程度 B. 比例

C. 程度和比例 D. 形式

66. 江浙名菜_____是典型的咸甜味型的菜例。

A. 拆烩鲢鱼头 B. 蟹粉狮子头

C. 煮干丝 D. 扒烧整猪头

67. 行业中称为"调味盐",如"花椒盐""胡椒盐""孜然盐"等,在烹饪中主要用于_____类菜品的补充调味。

A. 炸制 B. 煎

C. 水煮 D. 煎炸

68. 通常可将明火加热的燃料分为_____三种。

A. 煤油、柴油、天然气 B. 固态、液态、气态

C. 柴油、煤、燃气 D. 无烟煤、天然气、柴油

69. 现代厨房中常用的明火加热设备有:煤灶、煤气灶、液化石油气、_____。

A. 柴油灶 B. 土灶

C. 柴灶 D. 汽油灶

70. 电磁灶通电后将电能转化为电磁波,通过电磁波来_____的装置。

A. 共振 B. 加热

C. 使原料成熟 D. 烹调

71. 在实际加热实践中,常用波长为_____的红外线进行加热。

A. 1.4～3 μm B. 2～25 μm

C. 0.78～1.4 μm D. 3 μm～1 mm

72. 加热的目的和作用是:清除或杀死食物中的病菌,促进食物被人体消化吸收,_____。

A. 增加质感 B. 确定口感

C. 改善色泽 D. 改善菜肴风味

73. 牛肉食品的熟度可以通过原料血色的变化来判断,如半熟的牛肉中心颜色为_____。

A. 浅灰色 B. 玫瑰色

C. 浅粉红色 D. 红色

74. 鸡蛋经过搅拌炒制后被人体消化利用率大约为_____。

A. 30%～50% B. 100%

C. 97% D. 82.5%

75. 翻勺一般有大翻和_____两种。
    A. 颠翻　　　　　　　　　　B. 小翻
    C. 前翻　　　　　　　　　　D. 后翻

76. 热蒸汽传热的方式包括_____的蒸汽传热，如对质嫩、蓉泥、蛋制品的加热多用放汽蒸。
    A. 非饱和状态　　　　　　　B. 放汽蒸
    C. 二次蒸　　　　　　　　　D. 多次蒸

77. 炒法依_____、油量大小可分为滑炒、煸炒和爆炒三种。
    A. 原料质地　　　　　　　　B. 旧过油
    C. 原料多少　　　　　　　　D. 油温高低

78. 煎法可以不需要挂糊，主要突出原料外表的焦香，行业称为_____。
    A. 软煎　　　　　　　　　　B. 煎烤
    C. 香煎　　　　　　　　　　D. 软炸

79. 从烹饪实际操作来讲，_____是勺功的关键。
    A. 握勺　　　　　　　　　　B. 出勺
    C. 翻勺　　　　　　　　　　D. 端勺

80. 清蒸武昌鱼蒸制时为了达到味美鱼鲜，一般蒸制_____min。
    A. 10　　　　　　　　　　　B. 15
    C. 20　　　　　　　　　　　D. 3

初级中式烹调师理论知识考核模拟试卷参考答案及说明

一、判断题

1. √。芹菜叶部的维生素 C 的含量是茎的 13 倍。

2. √。将有虫卵附着的蔬菜放入 2‰~3‰ 的食盐水中浸泡 5 min 能使虫卵的吸盘收缩,从蔬菜上脱落,再用清水清洗,即可去掉虫卵和腻虫。

3. ×。整只烤制的家禽肋开可使其在烤制时不漏油水。

4. √。所有的涨发方法,如油发、火发、盐发、碱发、微波发等,最后涨发的终结过程都要在水发这一环节完成。

5. ×。微波是一种高频率的电磁波,其本身并不产生热量,但它能引起食物分子的快速振荡,使食物分子相互碰撞而产生大量摩擦热。

6. ×。分割是指根据整形烹饪原料不同部位的质量等级。

7. ×。放养的禽肌纤维的直径比圈养的禽细。

8. ×。为菜肴整体的美观,翅尖部位的骨骼一般在生料剔骨时予以保留。

9. ×。"烩冬笋"的取块加工常用撬刀法,即刀刃嵌入原料约 1/3,以刀身作为杠杆,拨开原料,料块表体有纤维的丝裂状,能提高原料对调味卤汁的吸附力。

10. ×。夹刀片也经常用斜刀法产生。

11. ×。菜肴的质是指组成菜肴的各种原料总的营养成分和风味指标。

12. ×。调料用量虽少但作用很大。

13. ×。零点一般选用 9 寸圆盘或 12 寸腰盘。筵席一般选用 12~14 寸圆盘或 16 寸腰盘。

14. ×。主配料应分别放入适当的容器中,保证不同原料投放的次序。

15. ×。辅助性拍粉要求现拍现炸,否则原料内部水分渗出,使粉料潮湿,下锅后不能松散。

16. ×。煤气是由煤炭干馏而获得的。

17. ×。由于是高压蒸汽,其气量不应超过锅上所配置的压力表的最高值,以防止产生危险。

18. √。

19. ×。冷制冷菜中腌的选料以脆嫩的植物性原料为主。

20. ×。多次浸泡主要是为了去除干丝中的豆腥味。

二、单项选择题

1. A。蔬菜的种类不同其食用的方法、营养成分和口感可能相同或相似，而蔬菜的种类不同食用部位是不同的，这也是蔬菜分类的主要依据之一。

2. B。割断血管的主要目的是为了放尽血液，若放不尽血液将对肉质造成影响。

3. C。胆中含有巨毒的胆汁毒素，中毒就会引起腹腔内各个器官功能衰竭，最后导致死亡；不能食用，加工时应予以去除。

4. B。质地较嫩的根菜原料的皮富含纤维素，可以食用，因此可以不去皮。

5. A。浸泡在水中隔绝空气，以防原料中的鞣酸氧化变色，是最有效最经济的做法。

6. D。盐水洗涤时若浸泡时间过长，将会对原料的营养和外观品质有所损伤，因此盐水洗涤时一定要控制盐的浓度和浸泡时间。

7. B。浓度为2%的高锰酸钾溶液、漂白粉溶液和84消毒液，能把虫卵迅速杀死在原料表面不易脱落，达不到从蔬菜中清除虫卵的目的。

8. A。

9. A。

10. C。为了让鸽子的血液不流出体外，以保证肉质鲜美、营养丰富。

11. A。主要是由于各种鱼类的形状、性质各异，加工应因地制宜，采用合适的加工方法。

12. D。从鱼的口腔中将内脏取出，其方法是先在鱼的脐部割一刀，将内脏割断，然后用手或两根筷子由口腔插入，夹住内脏用力向一个方向绞卷后拉出。

13. A。火腿初加工时，为了充分清洗火腿，一般把整只火腿放在清水中浸泡，使其表面充分浸润，实践总结时间一般为6个小时。

14. D。

15. D。吸水膨润尽量恢复鲜货性状，便于食用。

16. B。

17. A。焖发必须考虑原料的质地老嫩等多方面因素，据此控制火候从而达到最佳的涨发效果，以防原料外层皮开肉烂，而内部却仍未发透。

18. A。加温解冻肉汁流失较多，所以颜色会变淡。

19. A。自然解冻法仅在0～3℃环境中吸收热量解冻，解冻需要的时间较长。

20. B。微波是一种高频率的电磁波，其本身并不产生热量，但它能引起食物分子的快速振荡，使食物分子相互碰撞而产生大量摩擦热，这种摩擦热生成速度快而且效率高。

21. B。这是剔骨的定义。加工过程范围比较广；宰杀过程是对动物性原料的初步处理，宰杀过程中不能进行剔骨整理，需在宰杀清洗加工后才能进行，所以均不符合题意。

22. A。由于家禽不同部位肌肉的不同品质特性，通过分割或剔骨后以获得多方位品尝的目的，经分割剔骨加工后，优良的风味特征被充分发挥出来，同时丰富禽类菜肴品种，利于人的咀嚼与消化，提高食用价值的现实意义。

23. C。不同部位肉的质量等级是不同的，这是原料剔骨后归类的参照指标之一。

24. B。家禽主要靠后肢股部和腿部来运动，因此这两个部位肌肉多且发达。

25. D。肉用禽类的白肌纤维直径较大，单位面积的数量少，含糖原较多，主要以糖原酵解形式供能。伴随生长速度的提高，白肌纤维的数量增多。

26. A。A选项包含了其他三个选项。

27. D。鸡骨架没有食用性，但其呈味物质丰富，经煮制可得到味浓的鲜汤。

28. C。细磨石和细油石颗粒细腻、质地坚实，能将刀磨快而不伤刀刃，主要用于开刃刀具的磨快。磨刀棒主要用于刀具操作过程中临时的增快磨制。

29. B。剁刀和斧形刀刀身厚重并且主要用于斩剁，需要翘磨；批刀刀身平薄主要用于批、片，需要平磨使其薄而锋利；大方刀一刀多能，适用于前批、后剁、中间切，针对不同的部分采用不同的磨刀方法，一般采用平翘结合磨。

30. B。

31. D。白菜、竹笋、榨菜是脆嫩性原料，常用直切刀法。鸡脯为韧性较强的动物性原料，通常用推切或拉切的刀法。

32. A。

33. C。

34. A。

35. A。

36. B。

37. D。菜肴的表述全面，包括了大菜、热菜、冷菜。

38. A。调味品的主要成分物质发挥作用进而改变菜肴的色香味形。

39. D。

40. B。

41. A。

42. A。

43. A。

44. B。

45. A。

46. B。

47. C。玉米淀粉糊化温度较高，糊化过程较慢，糊化热黏度上升缓慢，但凝胶强度好。

48. B。

49. A。其他三种菜肴均需挂糊才能成菜。

50. C。选择的粉料一定要干燥，否则调糊时会出现颗粒，不能均匀地包裹在原料的表面。

51. A。因为较老的原料，本身所含的水分较少，可容纳糊中较多的水分向里渗透，所以糊的浓度应稀一些。

52. A。

53. D。干炸、脆溜特点与水粉糊的特点相同，即干酥香脆、外焦里嫩、色泽金黄的特点。

54. D。

55. A。

56. B。上浆等其他工艺对菜肴口味有一定影响，但调味工艺对菜肴口味起决定性作用。

57. C。料酒在菜肴制作中发挥作用的主要成分为乙醇。

58. A。调味工艺可以调节菜品的质感，但对菜品的质感起决定作用的是调质工艺和火候。

59. A。

60. A。酸白菜采用了腌浸调味法，爆炒腰花采用了包裹调味法，菊花鱼采用了浇汁调味法。

61. B。

62. A

63. B

64. A

65. C

66. D

67. D

68. B。煤油、柴油、燃气、天然气、无烟煤都属于具体的燃料形态，不能概括全貌。

69. A。土灶和柴灶卫生状况差，一般不在厨房中使用。汽油易挥发且易燃、不安全，因此在厨房中也不常用。

70. B。

71. B。

72. D。菜肴风味包括了菜肴的色香味形等方面。

73. B。

74. C。鸡蛋未烹生食消化率为30%～50%；去壳煮至半熟消化率为82.5%；搅拌炒制消化率为97%；经低温炸制消化率为98.5%；带壳煮熟消化率为100%。

75. B。翻锅有大翻和小翻两种，颠翻、前翻、后翻都属于这两种的具体形式。

76. A。放汽蒸、二次蒸、多次蒸都属于非饱和状态蒸汽传热。

77. D。

78. A。软炸需要挂糊。煎烤和软煎是两个不同概念，和题干不符。香煎需要挂糊或拍粉。

79. C。翻勺伴随菜肴制作的全过程，影响菜肴的受热均匀和调味均匀。

80. A。必须控制好时间及时下屉，切忌蒸得过长，以免鱼肉发木变老而失去鲜嫩特色。

初级中式烹调师操作技能考核模拟试卷

一、笔试题（必考题，10 分）

【试题】简述蔬菜加工时如何保存营养。

二、实际操作题（共 90 分）

【试题1】土豆丝加工（必考题，15 分）

1. 考核要求

（1）根据刀工要求制作土豆丝，成品要求土豆丝长短一致、粗细均匀。

（2）加工过程中不浪费原料，提交成品数量合理。

2. 考核要求否定项

（1）操作过程中使用未经许可、已预先进行成形处理过的原料。

（2）使用模具直接刻制成形的。

（3）刀法使用错误，成形完全不符合规定要求。

若考生发生以上情况之一，则应及时终止其考试，该试题成绩记为零分。

3. 准备工作

考生自备土豆 200 g，可提前将土豆去皮清洗干净，但不能进行刀工处理。

序号	名称	规格	单位	数量	备注
1	操作台（不锈钢台面）		张	1	考场统一提供
2	砧板（菜墩）		块	1	考场统一提供
3	汤碗	10 寸	只	1	考场统一提供
4	平盘	8 寸	只	2	考场统一提供

备注：考生自带厨刀、工作服、工作帽、清洁布等。

4. 考核时限

完成本题操作基本时间为 5 min；每超过 1 min 从本题总分中扣除 10%，操作超过 3 min，本题零分。

5. 评分项目及标准

评分项目	评分要点	配分比重（%）	评分标准
原料切配成形	根据料形成形要求选择相应刀法，将原料加工成厚薄、粗细均匀的料形。	15	(1) 料形不均匀，掌握不准确，扣1分。 (2) 原料成形效果与标准不符，扣0.5~2分。 (3) 成形数量不符合规定要求，扣0.5~2分。 (4) 超时1min扣2分，扣完10分为止。 以上各项累计扣分不超过15分。

【试题2】扇形冷菜的装盘（必考题，20分）

1. 考核要求

根据冷菜拼摆的要求，制作一款扇形冷菜。成品要求刀工精细，料形厚薄一致，大小统一，排列整齐，装盘饱满。

2. 考核要求否定项

(1) 使用未经许可的可直接用于拼摆的成形原料。

(2) 在拼摆过程中使用不能食用的原料。

(3) 原料中添加人工色素或禁用的添加剂。

(4) 盛器污秽，影响食用安全的。

若考生发生以上情况之一，则应及时终止其考试，该试题成绩记为零分。

3. 准备工作

考生自备冬笋800 g，拼摆所用的原料为净料，不得进行直接用于拼摆的成形加工。点缀物品可以场外加工。

序号	名称	规格	单位	数量	备注
1	操作台（不锈钢台面）		张	1	考场统一提供
2	砧板		块	1	考场统一提供
3	炒锅		只	1	考场统一提供
4	漏勺		个	1	考场统一提供
5	炒勺		个	1	考场统一提供
6	汤碗	10寸	只	1	考场统一提供
7	平盘	10寸	只	1	考场统一提供
8	配菜盘	8寸	只	1	考场统一提供
9	炉灶（饭店用）	大火眼	台	1	考场统一提供

备注：考生自带厨刀、工作服、工作帽、清洁布等。

4. 考核时限

完成本题操作基本时间为 15 min；每超过 1 min 从本题总分中扣除 10%，操作超过 8 min，本题零分。

5. 评分项目及标准

评分项目	评分要点	配分比重（%）	评分标准及扣分
拼摆操作	根据菜肴要求选择相应的拼摆方法完成造型。	20	(1) 超时 1min 扣 1 分，扣完 2 分为止。 (2) 刀工粗糙，刀面不整齐，造型不美观，扣 1~3 分。 (3) 色泽搭配不合理，扣 1~2 分。 (4) 结构布局不合理，造型不准确，扣 1~3 分。 (5) 菜肴口味不准确，扣 2 分。 (6) 菜肴分量达不到规定量 2/3 的，扣 5 分；达不到规定量 1/2 的，扣 10 分。 (7) 盛器不洁，扣 2~5 分。 以上各项累计扣分不得超过 20 分。

【试题 3】滑炒里脊（必考题，35 分）

1. 具体考核要求

(1) 刀法应用准确，刀工精细，里脊丝长短粗细一致，成形符合标准。

(2) 原料搭配合理，上浆粉汁均匀，油温控制得当，调味准确。

(3) 成品白绿分明，色泽和谐，咸鲜醇和，芡汁均匀明亮。

(4) 盛器洁净，菜肴分量充足，造型饱满美观。

2. 考核要求否定项

(1) 使用变质原料的。

(2) 切配过程中，加工方法完全不符合菜肴要求的。

(3) 在加热过程中选择导热介质错误的。

(4) 原料因失饪不熟或焦煳以致不能食用的。

(5) 味太咸以致严重影响食用的。

(6) 生熟不分或盛器污秽，影响食用安全的。

若考生发生以上情况之一，则应及时终止其考试，该试题成绩记为零分。

3. 准备工作

(1) 主辅料及调味料准备

名称		规格	单位	数量	备注
主辅料	里脊肉		g	250	考生自备或考场统一提供
	笋		g	50	考生自备或考场统一提供
	青椒		只	1	考生自备或考场统一提供
调味料	精炼油			适量	考场统一提供
	盐			适量	考场统一提供
	葱、姜			适量	考场统一提供
	味精			适量	考场统一提供
	料酒			适量	考场统一提供
	淀粉			适量	考场统一提供

(2) 器具准备

序号	名称	规格	单位	数量	备注
1	操作台（不锈钢台面）		张	1	考场统一提供
2	砧板（菜墩）		块	1	考场统一提供
3	炒锅		只	1	考场统一提供
4	炒勺、漏勺		套	1	考场统一提供
5	油桶、调料罐		套	1	考场统一提供
6	炉灶		台	1	考场统一提供
7	汤碗	10寸	只	1	考场统一提供
8	平盘	8寸	只	1	考场统一提供
9	配菜盘	8寸	只	1	考场统一提供

备注：考生自带厨刀、工作服、工作帽、清洁布等。

4. 考核时限

完成本题操作基本时间为 20 min；每超过 1 min 从本题总分中扣除 1 分，操作超过 20 min，本题零分。

5. 评分项目及标准

评分项目	评分要点	配分比重（%）	评分标准及扣分
主辅料的切配	根据菜肴要求选择相应的切配方法。时间 10 min。	10	(1) 超时 1 min 扣 1 分，1 min 以上扣 2 分。 (2) 刀法应用不准确，原料成形不符合标准，扣 1~3 分。 (3) 原料浪费较多，扣 1~2 分；原料浪费很多，扣 3~4 分。

续表

评分项目	评分要点	配分比重（%）	评分标准及扣分
原料的上浆与调味	根据菜肴要求选择相应的上浆、拍粉或挂糊方法，或对主辅料进行预制调味。时间 2 min。	5	(1) 超时 1 min 扣 1 分，扣完 1 分为止。 (2) 上浆或挂糊的粉汁过稀或过厚，扣 1～2 分。
烹制操作	根据菜肴的要求利用油导热法将切配后的原料烹制成菜。时间 8 min。	20	(1) 超时 1 min 扣 1 分，扣完 2 分为止。 (2) 成菜色泽过淡或过深，或搭配不和谐，扣 1～2 分。 (3) 菜肴芡汁过松或过紧以致结团，扣 1～2 分。 (4) 油温掌握不准确，质地不合要求，扣 1～2 分。 (5) 菜肴口味不足或过重，扣 1～3 分。 (6) 菜肴成形较差，扣 1 分，差扣 2 分，很差扣 3～4 分。 (7) 菜肴分量达不到规定量 2/3 的，扣 5 分；达不到规定量 1/2 的，扣 10 分。 以上各项累计扣分不得超过总分。

【试题4】榨菜肉丝汤（【试题4】与【试题5】任选一题，20分）

1. 考核要求

(1) 刀法应用准确，刀工精细，肉丝粗细均匀长短一致，成形符合标准。

(2) 水温控制得当，调味准确，肉丝质地软嫩，味道咸鲜，汤汁清醇。

(3) 盛器洁净，菜肴分量充足。

2. 考核要求否定项（同【试题3】）

3. 准备工作

(1) 主辅料及调味料准备

	名称	规格	单位	数量	备注
主辅料	里脊肉		g	150	考生自备或考场统一提供
	榨菜		g	50	考生自备或考场统一提供
	小菜心		棵	6	考生自备或考场统一提供
	鸡清汤		g	500	考生自备或考场统一提供

续表

名称		规格	单位	数量	备注
调味料	精炼油			适量	考场统一提供
	精盐			适量	考场统一提供
	葱、姜、料酒			适量	考场统一提供
	味精			适量	考场统一提供

(2) 器具准备（同【试题 3】）

4. 考核时限（同【试题 3】）

5. 评分项目及标准

评分项目	评分要点	配分比重（%）	评分标准及扣分
主辅料的切配	根据菜肴要求选择相应的切配方法。时间 8 min。	6	(1) 超时 1 min 扣 1 分，1 min 以上扣 2 分。 (2) 刀法应用不准确，原料成形不符合标准，扣 1~3 分。 (3) 原料浪费较多，扣 1~2 分；原料浪费很多，扣 3~4 分。
原料的预制或调配	根据菜肴要求选择相应的预制方法，或对主辅料进行调配、调味。时间 4 min。	4	(1) 超时 1 min 扣 1 分，扣完 1 分为止。 (2) 预制或调配质量不合格，扣 1~2 分。
烹制操作	根据菜肴的要求利用水导热法烹制一道热菜。时间 8 min。	10	(1) 超时 1 min 扣 1 分，扣完 2 分为止。 (2) 成菜色泽过淡或过深，或搭配不和谐，扣 1~2 分。 (3) 菜肴芡汁过松或过紧以致结团，扣 1~2 分。 (4) 热处理不当，质地不合要求，扣 1~2 分。 (5) 菜肴口味不足或过重，扣 1~3 分。 (6) 菜肴成形较差扣 1 分，差扣 2 分，很差扣 3~4 分。 (7) 菜肴分量达不到规定量 2/3 的，扣 4 分；达不到规定量 1/2 的，扣 8 分。 (8) 盛器不洁，扣 1~3 分。 以上各项累计扣分不得超过总分。

【试题5】 凉拌萝卜丝（【试题4】与【试题5】任选一题，20分）

1. 考核要求

(1) 刀法应用准确，刀工精细，萝卜丝粗细长短一致，成形符合标准。

(2) 萝卜丝爽脆，调味准确，口味适中。

(3) 盛器洁净，菜肴分量充足，造型饱满美观。

2. 考核要求否定项（同【试题3】）

3. 准备工作

(1) 主辅料及调味料准备

	名称	规格	单位	数量	备注
主辅料	萝卜		g	350	考生自备或考场统一提供
调味料	盐、味精			适量	考场统一提供
	辣椒油			适量	考场统一提供
	酱油			适量	考场统一提供
调味料	醋			适量	考场统一提供
	白糖			适量	考场统一提供
	花椒面			适量	考场统一提供
	芝麻油			适量	考场统一提供

(2) 器具准备（同【试题3】）

4. 考核时限（同【试题3】）

5. 评分项目及标准

评分内容	评分要点	配分比重（%）	评分标准
主辅料的切配	根据菜肴要求选择相应的切配方法。时间10 min。	6	(1) 超时1 min扣1分，1 min以上扣2分。 (2) 刀法应用不准确，原料成形不符合标准，扣1~3分。 (3) 原料浪费较多，扣1~2分；原料浪费很多，扣3~4分。
原料的预制或调味	根据菜肴要求选择相应的预制方法，或对主辅料进行预制、调味。时间2 min。	4	(1) 超时1 min，扣完1分为止。 (2) 预制或调配质量不合格，扣1~2分。

续表

评分内容	评分要点	配分比重（%）	评分标准
菜肴操作	根据菜肴的要求利用相应方法制作一道冷菜。时间 8 min。	10	（1）超时 1 min，扣完 2 分为止。 （2）成菜色泽过淡或过深，或搭配不和谐，扣 1~2 分。 （3）热处理不当，质地不符合要求，扣 1~2 分。 （4）菜肴口味不足或过重，扣 1~3 分。 （5）菜肴成形较差，扣 1 分，差则扣 2 分，很差扣 3~4 分。 （6）菜肴分量达不到规定量 2/3 的，扣 5 分；达不到规定量 1/2 的，扣 10 分。 （7）盛器不洁，扣 1~3 分。 以上各项累计扣分不得超过总分。